Mathematik
Formeln und Begriffe
für die Prüfung

Karlheinz Schäfer

Multimedia-Dienstleistungen Nürnberg MMD GmbH

TELEKOLLEG MULTIMEDIAL

TELEKOLLEG MULTIMEDIAL wird veranstaltet von den Bildungs- bzw. Kultusministerien von Bayern, Brandenburg und Rheinland-Pfalz sowie vom Bayerischen Rundfunk (BR).

Nähere Informationen zu TELEKOLLEG MULTIMEDIAL:
www.telekolleg.de

Coverfoto © Comstock, Inc., Luxembourg

7. Auflage 2007

© Multimedia-Dienstleistungen Nürnberg MMD GmbH

Alle Rechte vorbehalten

Umschlag *(Konzeption):* Daniela Eisenreich, München

Grafiken: Hartmuth Huber, München

Gesamtherstellung: Ludwig Auer GmbH, Donauwörth

Inhalt

Trigonometrie 54

Analysis – Folgen und Grenzwerte 59

Analysis – Differentialrechnung 64

Analysis – Integralrechnung 71

Vektoren und Matrizen 77

Anhang 87

Register 88

G

ALG

GEO

TRI

FOL

DIF

INT

VEK

Grundlagen

Mathematische Zeichen

$+$, $-$, $\cdot$, $:$	plus, minus, mal/multipliziert mit, geteilt/dividiert durch (Rechenzeichen, Verknüpfungszeichen)
$=$, $\neq$	gleich, ungleich
$a > b$	a größer als b
$a < b$	a kleiner als b
$a \geqq b$	a größer oder gleich b
$a \leqq b$	a kleiner oder gleich b
{ }	Mengenklammer
[ ]	Grenzen von Bereichen auf Zahlengeraden
$a \Rightarrow b$	aus a folgt b ; wenn a dann b (Implikation)
$a \Leftrightarrow b$	a ist äquivalent zu b ; aus a folgt b und umgekehrt (Äquivalenz)
$|a|$	Betrag von a
T	Term
ggT	größter gemeinsamer Teiler
kgV	kleinstes gemeinsames Vielfaches
IN	natürliche Zahlen $\{0, 1, 2, 3, \ldots\}$ [1]
IN*	natürliche Zahlen ohne Null $\{1, 2, 3, \ldots\}$ [1]
$\mathbb{Z}$	ganze Zahlen $\{\ldots -3, -2, -1, 0, 1, 2, 3, \ldots\}$ [1]
$\mathbb{Q}$	rationale Zahlen (alle Bruchzahlen) [1]
$\mathbb{Q}^+$	positive Bruchzahlen [1]
IR	reelle Zahlen [1]
L	Lösungsmenge
D	Definitionsmenge
{ }	leere Menge (leere Mengenklammer)
$a \in B$	a ist Element von B
$a \notin B$	a ist nicht Element von B
$A \subset B$	A ist Teilmenge von B

---

[1] Zu den speziellen Zahlenmengen siehe auch S. 10.

$A \not\subset B$	A ist nicht Teilmenge von B
$A \cup B$	A vereinigt mit B (Bildung der Vereinigungsmenge)
$A \cap B$	A geschnitten mit B (Bildung der Schnittmenge)
$A \setminus B$	A ohne B (Bildung der Differenzmenge)
$a \wedge b$	a und b (Konjunktion)
$a \vee b$	a oder b (Disjunktion)
$\neg a$	nicht a (Negation)

G

Mengen

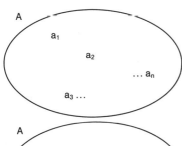

aufzählende Form: $A = \{ a_1,\ a_2,\ a_3 \ldots a_n \}$
beschreibende Form: $A = \{ a_i \mid 1 \leqq i \leqq n \wedge i \in \mathbb{N} \}$

Mengendiagramm (Venndiagramm)

$A = \{\ \}$ (leere Menge)
A enthält kein Element

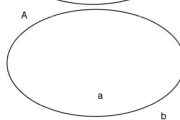

$a \in A$
a ist Element von A
$b \notin A$
b ist kein Element von A

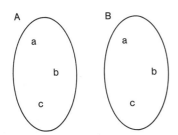

$A = B$ (Mengengleichheit)
A und B besitzen dieselben Elemente

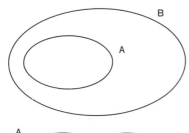

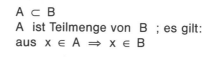

$A \subset B$
A ist Teilmenge von B ; es gilt:
aus $x \in A \Rightarrow x \in B$

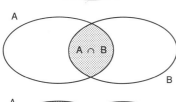

$A \cap B$
Schnittmenge von A und B
$A \cap B = \{ x \mid x \in A \wedge x \in B \}$

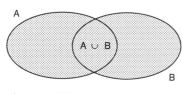

$A \cup B$
Vereinigungsmenge von A und B
$A \cup B = \{ x \mid x \in A \vee x \in B \}$

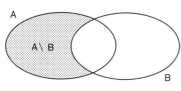

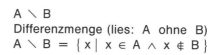

$A \setminus B$
Differenzmenge (lies: A ohne B)
$A \setminus B = \{ x \mid x \in A \wedge x \notin B \}$

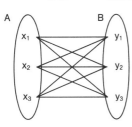

$A \times B$
Produktmenge
$$A \times B = \{ (x, y) \mid x \in A \wedge y \in B \}$$
$$= \{ (x_1, y_1), (x_1, y_2), (x_1, y_3),$$
$$(x_2, y_1), (x_2, y_2), (x_2, y_3),$$
$$(x_3, y_1), (x_3, y_2), (x_3, y_3) \}$$

Standardzahlenmengen

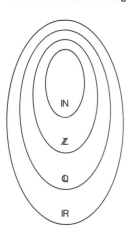

$\mathbb{N} = \{ 0, 1, 2, 3, \ldots \}$ (früher: $\mathbb{N}_o$)
$\mathbb{N}^* = \{ 1, 2, 3, 4, \ldots \}$ (früher: $\mathbb{N}$)
Menge der natürlichen Zahlen

$\mathbb{Z} = \{ \ldots -2, -1, 0, 1, 2, \ldots \}$
Menge der ganzen Zahlen

$\mathbb{Q}$ = rationale Zahlen
Menge der Bruchzahlen (endliche und unendlich-periodische Dezimalbrüche)
$\mathbb{Q}^+$ = Menge der positiven Bruchzahlen

$\mathbb{R}$ = reelle Zahlen
Menge aller Dezimalzahlen (endliche, unendlich-periodische und unendlich-nichtperiodische Dezimalbrüche)

Logik

Aussage	Ein sinnvoller Satz, der entweder wahr oder falsch ist.
Aussageform	Aussage mit einer oder mehreren Variablen. Werden Variable durch passende Begriffe ersetzt, entsteht eine Aussage.
Wahrheitswerte	w (wahr), f (falsch)
Erfüllungsmenge	Menge der Elemente, die eine Aussageform in wahre Aussagen überführt; bei Gleichungen = Lösungsmenge.

Verknüpfungen

Negation:	$\neg\ a$	nicht a
Konjunktion:	$a \wedge b$	a und b
Disjunktion:	$a \vee b$	a oder b

Folgerungen

Implikation: $a \Rightarrow b$ 　 wenn a dann b; aus a folgt b
Ist $L_a \subset L_b$, dann gilt: $a \Rightarrow b$.

Äquivalenz: $a \Leftrightarrow b$ 　 wenn a dann b und umgekehrt; a ist äquivalent b
Ist $L_a = L_b$, dann gilt: $a \Leftrightarrow b$.

Prozentrechnen

P = Prozentwert
G = Grundwert
p = Prozentsatz

$$P = \frac{G \cdot p}{100}$$

$$G = \frac{P \cdot 100}{p}$$

$$p = \frac{P \cdot 100}{G}$$

Zinsrechnen

Z = Zins
K = Kapital
p = Zinssatz
n = Zeit

$$p \% = \frac{p}{100}$$

Zins für n Jahre: $\quad Z = \dfrac{K \cdot p \cdot n}{100}$

Zins für n Monate: $\quad Z = \dfrac{K \cdot p \cdot n}{100 \cdot 12}$

Zins für n Tage: $\quad Z = \dfrac{K \cdot p \cdot n}{100 \cdot 360}$

Zinseszinsrechnen

K_n = Endkapital
K_o = Anfangskapital
n = Anzahl der Jahre
p = Zinssatz

jährliche Verzinsung:
$$K_n = K_o \left(1 + \frac{p}{100} \right)^n$$

m-mal jährliche Verzinsung:
$$K_{m \cdot n} = K_o \left(1 + \frac{p}{m \cdot 100} \right)^{m \cdot n}$$

stetige Verzinsung:
$$K = K_o \cdot e^{\frac{p \cdot n}{100}}$$

$$e \approx 2{,}71828$$

Wachstumsrate:
$$w = \frac{p}{100} \quad \text{z.B.:} \ 8\% = \frac{8}{100} = 0{,}08$$

Wachstumsfaktor:
$$w + 1 \quad \text{z.B.:} \ 0{,}08 + 1 = 1{,}08$$

Algebra

Betrag

Der Betrag einer positiven Zahl ist die Zahl selbst.
Der Betrag von 0 ist 0.
Der Betrag einer negativen Zahl ist die Zahl ohne das
Minuszeichen, d. h. die zugehörige positive Zahl.

$$|a| = \begin{cases} a & \text{wenn } a \geq 0 \\ -a & \text{wenn } a < 0 \end{cases}$$

Grundrechenarten

Addition

$a + b = c$

Subtraktion

$a - b = c$

Multiplikation

$a \cdot b = c$

Division

$a : b = c \ (b \neq 0)$

Rechengesetze

Kommutativgesetz

der Addition:
$a + b = b + a$

der Multiplikation:
$a \cdot b = b \cdot a$

Assoziativgesetz

der Addition:
$(a + b) + c = a + (b + c)$

der Multiplikation:
$(a \cdot b) \cdot c = a \cdot (b \cdot c)$

Distributivgesetz

$(a + b) \cdot c = a \cdot c + b \cdot c$

Rechnen mit negativen Zahlen

Verschmelzungsregeln

$$a + (-b) = a - b$$
$$a - (+b) = a - b$$
$$a - (-b) = a + b$$

Auflösen einer Minusklammer

$$a - (b + c) = a - b - c$$
$$a - (b + c - d) = a - b - c + d$$

Produktregeln

Das Produkt zweier Faktoren mit **gleichen Vorzeichen** ist **positiv**:

$$(+a) \cdot (+b) = (-a) \cdot (-b) = + (a \cdot b)$$

Das Produkt zweier Faktoren mit **verschiedenen Vorzeichen** ist **negativ**:

$$(+a) \cdot (-b) = (-a) \cdot (+b) = - (a \cdot b)$$

Satz vom Nullprodukt

$$a \cdot b = 0 \Leftrightarrow a = 0 \vee b = 0$$

Quotientenregeln

Der Quotient zweier Variablen mit **gleichen Vorzeichen** ist **positiv**:

$$(+a) : (+b) = (-a) : (-b) = + (a : b)$$

Der Quotient zweier Variablen mit **verschiedenen Vorzeichen** ist **negativ**:

$$(+a) : (-b) = (-a) : (+b) = - (a : b)$$

Termumformungen

Binomische Formeln

$$(a + b)^2 = a^2 + 2ab + b^2$$

$$(a - b)^2 = a^2 - 2ab + b^2$$

$$a^2 - b^2 = (a + b) \cdot (a - b)$$

$$(a + b)^3 = a^3 + 3a^2b + 3ab^2 + b^3$$

$$(a - b)^3 = a^3 - 3a^2b + 3ab^2 - b^3$$

$$a^3 + b^3 = (a + b) \cdot (a^2 - ab + b^2)$$

$$a^3 - b^3 = (a - b) \cdot (a^2 + ab + b^2)$$

$$(a + b)^4 = a^4 + 4a^3b + 6a^2b^2 + 4ab^3 + b^4$$

$$(a - b)^4 = a^4 - 4a^3b + 6a^2b^2 - 4ab^3 + b^4$$

$$a^4 - b^4 = (a^2 - b^2) \cdot (a^2 + b^2)$$

Pascalsches Dreieck

$(a + b)^0 =$ 1 $= 1$

$(a + b)^1 =$ 1   1 $= a + b$

$(a + b)^2 =$ 1   2   1 $= a^2 + 2ab + b^2$

$(a + b)^3 =$ 1   3   3   1 $= a^3 + 3a^2b + 3ab^2 + b^3$

$(a + b)^4 =$ 1   4   6   4   1 $= a^4 + 4a^3b + 6a^2b^2 + 4ab^3 + b^4$

$(a + b)^5 =$ 1   5   10   10   5   1 $= a^5 + 5a^4b + 10a^3b^2 + 10a^2b^3 + 5ab^4 + b^5$

Jeder Koeffizient ist die Summe der unmittelbar rechts und links darüberstehenden Zahlen.

Exponenten von a fallend, von b steigend, z.B.:

$$a^5b^0 + 5a^4b^1 + 10a^3b^2 + 10a^2b^3 + 5a^1b^4 + a^0b^5$$

Zerlegen in Linearfaktoren

$$a^2 + (b + c)a + bc = (a + b) \cdot (a + c)$$

15

Bruchrechnen

Achtung: Nenner immer ungleich Null!

Addition

$$\frac{a}{c} + \frac{b}{c} = \frac{a + b}{c}$$

$$\frac{a}{b} + \frac{c}{d} = \frac{ad}{bd} + \frac{cb}{bd} = \frac{ad + cb}{bd}$$

Subtraktion

$$\frac{a}{c} - \frac{b}{c} = \frac{a - b}{c}$$

$$\frac{a}{b} - \frac{c}{d} = \frac{ad}{bd} - \frac{cb}{bd} = \frac{ad - cb}{bd}$$

Multiplikation

$$\frac{a}{b} \cdot \frac{c}{d} = \frac{a \cdot c}{b \cdot d}$$

Division

$$\frac{a}{b} : \frac{c}{d} = \frac{a}{b} \cdot \frac{d}{c} = \frac{ad}{bc}$$

Erweitern

$$\frac{a}{b} = \frac{a \cdot c}{b \cdot c} \qquad c \neq 0$$

Kürzen

$$\frac{a}{b} = \frac{a : c}{b : c} \qquad c \neq 0$$

Kehrzahl

Kehrzahl von a ist $\frac{1}{a}$

Kehrzahl von $\frac{a}{b}$ ist $\frac{b}{a}$

größter gemeinsamer Teiler (ggT)

> 1. Bilde die Schnittmenge der Teilermengen des Zählers und des Nenners.
> 2. Das Produkt aus den Elementen der Schnittmenge ist der ggT.

kleinstes gemeinsames Vielfaches (kgV) zweier Nenner (= Hauptnenner)

> 1. Bilde die Schnittmenge der Vielfachmengen der beiden Nenner.
> 2. Bestimme das kleinste Element der Schnittmenge.

Potenzen
a, b ∈ IR; m, n ∈ IN

Potenz a^n: a ist die Basis (Grundzahl)

 n ist der Exponent (Hochzahl)

Definition

> Die n-te Potenz einer Zahl ist n-mal die Zahl mit sich selbst multipliziert.
>
> $$a^n = \underbrace{a \cdot a \cdot a \cdot \ldots \cdot a}_{n \text{ Faktoren}} \qquad a \in IR; \; n \in IN$$

$a^1 = a$

$a^0 = 1$ $\qquad\qquad\qquad\qquad a \neq 0$

Sätze

$a^m \cdot a^n = a^{m+n}$

$a^m : a^n = a^{m-n} \qquad\qquad a \neq 0$

$a^n \cdot b^n = (ab)^n$

$a^n : b^n = \left(\dfrac{a}{b}\right)^n \qquad\qquad b \neq 0$

$(a^m)^n \quad = a^{m \cdot n} = (a^n)^m$

$a^{-n} \quad = \dfrac{1}{a^n} \qquad\qquad a \neq 0$

Wurzeln
n, m ∈ IN

Wurzel $\sqrt[n]{a}$: a ist der Radikand

 n ist der Wurzelexponent

Definition

> Die n-te Wurzel aus einer positiven Zahl a ist diejenige positive Zahl, die n-mal mit sich selbst multipliziert a ergibt.
>
> $$\sqrt[n]{a} = x \Leftrightarrow x^n = a \qquad\qquad a \geq 0; \; x \geq 0$$

$\sqrt[2]{a} = \sqrt{a} \qquad\qquad\qquad a \geq 0$

$\sqrt{a^2} = |a| \qquad\qquad\qquad a \in IR$

Sätze

$$\sqrt[n]{a} \cdot \sqrt[n]{b} = \sqrt[n]{a \cdot b} \qquad\qquad a \geqq 0;\ b \geqq 0$$

$$\sqrt[n]{a} : \sqrt[n]{b} = \sqrt[n]{\dfrac{a}{b}} \qquad\qquad a \geqq 0;\ b > 0$$

$$\left(\sqrt[n]{a}\right)^m = \sqrt[n]{a^m} \qquad\qquad a \geqq 0$$

$$\sqrt[m]{\sqrt[n]{a}} = \sqrt[m \cdot n]{a} = \sqrt[n]{\sqrt[m]{a}} \qquad\qquad a \geqq 0$$

$$a^{\frac{1}{n}} = \sqrt[n]{a} \qquad\qquad a \geqq 0$$

$$a^{\frac{m}{n}} = \sqrt[n]{a^m} \qquad\qquad a \geqq 0$$

$$a^{-\frac{m}{n}} = \dfrac{1}{\sqrt[n]{a^m}} \qquad\qquad a > 0$$

Logarithmus

Definition

> Der Logarithmus x zur Basis a ist diejenige Hochzahl y, mit der a zu potenzieren ist, um x zu erhalten.
>
> $x \in \mathrm{IR}^+;\ a \in \mathrm{IR}^+ \setminus \{\, 1 \,\}$

$y = \log_a x$ \qquad weil $a^y = x$

$\log_a a = 1$ \qquad weil $a^1 = a$

$\log_a 1 = 0$ \qquad weil $a^0 = 1$

Zehnerlogarithmus \qquad $\log_{10} x = \lg x$

natürlicher Logarithmus \qquad $\log_e x = \ln x$

> $e \approx 2{,}71828$ (Eulersche Zahl)

Beachte: $\lg 10 = 1$ \quad und \quad $\ln e = 1$

Sätze

$$\log_a (u \cdot v) = \log_a u + \log_a v \qquad u, v > 0$$

$$\log_a \dfrac{u}{v} = \log_a u - \log_a v \qquad u, v > 0$$

$$\log_a v^n = n \cdot \log_a v \qquad v > 0$$

$$\log_a \sqrt[k]{v} = \log_a v^{\frac{1}{k}} = \dfrac{1}{k} \log_a v \qquad v > 0;\ k \in \mathrm{IN}^*$$

$$\log_a b = \dfrac{\lg b}{\lg a} = \dfrac{\ln b}{\ln a} \qquad \begin{array}{l} b > 0; \\ a > 0 \setminus \{\, 1 \,\} \end{array}$$

Gleichungen
a, b, c $\in$ IR; a $\neq$ 0; p, q $\in$ IR

lineare Gleichung

$ax + b = 0$

Lösung: $x = \dfrac{-b}{a}$

Die lineare Gleichung hat eine Lösung.

quadratische Gleichung

reinquadratisch: $ax^2 + c = 0$

Lösung: $x_1 = +\sqrt{\dfrac{-c}{a}}$, $x_2 = -\sqrt{\dfrac{-c}{a}}$

In IR genau 2 Lösungen, wenn $\dfrac{-c}{a} > 0$;

genau 1 Lösung, wenn $c = 0$

gemischtquadratisch: $ax^2 + bx = 0$

$x \cdot (ax + b) = 0$

Lösung: $x_1 = 0$, $x_2 = \dfrac{-b}{a}$

$$\boxed{\begin{array}{l} \text{Für: } ax^2 + bx + c = 0 \\[2mm] \text{Lösung: } x_{1,2} = \dfrac{-b \pm \sqrt{b^2 - 4ac}}{2a} \end{array}}$$

In IR genau zwei Lösungen, wenn $b^2 - 4ac > 0$
genau eine Lösung, wenn $b^2 - 4ac = 0$
keine Lösung, wenn $b^2 - 4ac < 0$

$$\boxed{\begin{array}{l} \text{Für: } x^2 + px + q = 0 \\[2mm] \text{Lösung: } x_{1,2} = -\dfrac{p}{2} \pm \sqrt{\left(\dfrac{p}{2}\right)^2 - q} \end{array}}$$

In IR genau zwei Lösungen, wenn $\left(\dfrac{p}{2}\right)^2 - q > 0$

genau eine Lösung, wenn $\left(\dfrac{p}{2}\right)^2 - q = 0$

keine Lösung, wenn $\left(\dfrac{p}{2}\right)^2 - q < 0$

Satz von Vieta

Für: $ax^2 + bx + c = 0$

Lösung: $x_1 + x_2 = -\dfrac{b}{a}$

$x_1 \cdot x_2 = \dfrac{c}{a}$

Für: $x^2 + px + q = 0$

Lösung: $x_1 + x_2 = -p$

$x_1 \cdot x_2 = q$

Verhältnisgleichungen

$\dfrac{a}{b} = \dfrac{c}{d}$

bzw. $a : b = c : d$

mit $a, b, c, d \in \mathbb{Q} \setminus \{0\}$

Bruchgleichungen

Gleichungen, in deren Nenner die Lösungsvariable x vorkommt, heißen Bruchgleichungen, z. B.:

$\dfrac{a}{x} = \dfrac{b}{x + c}$

Die Bruchterme sind nur für die Zahlen x der Grundmenge G definiert, für die die vorkommenden Nenner von 0 verschieden sind.

Für den Term $\dfrac{a}{x}$ gilt: $\qquad x \neq 0$,

für den Term $\dfrac{b}{x + c}$ gilt: $\quad x + c \neq 0$

und somit: $x \neq -c$.

Es wird: $D = \mathbb{R} \setminus \{0, -c\}$

$L \subset D \subset G$

Ungleichungen

Rechnen mit Ungleichungen

Aus $a < b$ folgt:

$a + c < b + c$

$a \cdot c < b \cdot c$ wenn $c > 0$

$a \cdot c > b \cdot c$ wenn $c < 0$

$-a > -b$

$\dfrac{1}{a} > \dfrac{1}{b}$ wenn $a > 0$

ALG

Bruchungleichungen

Beispiel: $\dfrac{a}{x - b} < c$

Bei der Lösung der Bruchungleichung sind zu unterscheiden:

1. Fall: $x - b > 0$

Es wird: $a < c \, (x - b)$

2. Fall: $x - b < 0$

Es wird: $a > c \, (x - b)$

Betragsungleichungen

$|a + b| \leq |a| + |b|$

$|a - b| \leq |a| + |b|$

$|a - b| \geq \left| |a| - |b| \right|$

$|a + b| \geq |a| - |b|$

wichtige Ungleichungen

Bernoullische Ungleichung:

$(1 + x)^n \geq 1 + n \cdot x$ für $n \in \mathbb{N}^*$; $1 + x \geq 0$

$n^2 < 2^n$ für alle $n \in \mathbb{N}^*$ mit $n \geq 5$

$2^n < n!$ für alle $n \in \mathbb{N}^*$ mit $n \geq 4$

                 $(n! = 1 \cdot 2 \cdot 3 \cdot \ldots \cdot n)$

Gleichungssysteme

lineare Gleichungssysteme

Verknüpft man zwei lineare Gleichungen mit zwei Variablen durch „und", so erhält man ein lineares Gleichungssystem mit zwei Variablen.

$$\wedge \begin{cases} a_1x + b_1y = c_1 \\ a_2x + b_2y = c_2 \end{cases}$$

Die Lösungsmenge L des Gleichungssystems ist:

$$L = L_1 \cap L_2$$

Für die Lösungsmenge L eines linearen Gleichungssystems gibt es drei verschiedene Fälle:

1. L enthält genau ein Element. (Die Geraden schneiden sich in einem Punkt.)
2. L enthält kein Element. (Die Geraden verlaufen parallel.)
3. L enthält unendlich viele Elemente. (Die Geraden stimmen überein.)

Ungleichungssysteme

Definition

Ein Ungleichungssystem mit zwei Variablen ist eine Und-Verknüpfung von Ungleichungen mit zwei Variablen.

Lösungsmenge

Die Lösungsmenge ist die Schnittmenge der Lösungsmengen der einzelnen Ungleichungen. Sie besteht aus unendlich vielen Paaren (x, y).

Graph

Der Graph der Lösungsmenge ist eine Halbebene mit Grenzgerade ($\leq$, $\geq$) oder eine Halbebene ohne Grenzgerade ($<$, $>$).

Er kann sein:
eine leere Menge,
ein Feld,
ein Streifen oder
eine Gerade.

$$\wedge \begin{cases} y \geq m_1\,x + b_1 \\ y \geq m_2\,x + b_2 \end{cases}$$

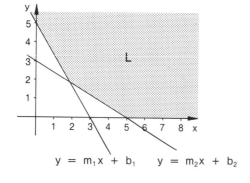

$y = m_1 x + b_1 \qquad y = m_2 x + b_2$

Funktionen

Relation

Eine Relation R zwischen einer Ausgangsmenge A und einer Zielmenge B ist eine beliebige Teilmenge der Produktmenge A x B von der Ausgangsmenge und der Zielmenge.

$R \subset A \times B$

$R \subset \{ (x \mid y) \mid (x \mid y) \in A \times B \land x \in A \land y \in B \}$

Funktion

> Eine Funktion ist eine spezielle Relation, bei der jedem Element der Ausgangsmenge ein und nur ein Element der Zielmenge zugeordnet ist.
>
> Eine Funktion ist eine Relation, die linkstotal und rechtseindeutig ist.

Die Ausgangsmenge einer Funktion heißt Definitionsmenge; $x \in D$.

Die Menge aller zugeordneten Elemente heißt Wertemenge; $y \in W$.

Eine Funktion stellt eine Zuordnung zwischen zwei Mengen, der Definitionsmenge und der Wertemenge, dar. Bei einer Funktion muß jedem Element der Definitionsmenge ein und nur ein Element der Wertemenge zugeordnet sein. Schreibweise für eine Funktion: $x \rightarrow f(x)$ oder $y = f(x)$; $f(x)$ heißt der Funktionsterm.

Funktionsgleichung

Für $x \in D$ und $y \in W$ wird eine Gleichung $y = f(x)$ angegeben. Mit ihr kann für jedes x das ihm zugeordnete y berechnet werden.

$y = f(x)$ nennt man eine Funktionsgleichung.

Funktionswert

Aus der Gleichung $y = f(x)$ ergibt sich mit $f(x_1)$ der Funktionswert an der Stelle x_1.

Nullstellen einer Funktion

Eine Nullstelle einer Funktion ist diejenige Stelle, an der der Funktionswert Null, also $f(x) = 0$ ist.

23

Darstellung von Funktionen

Vorschrift   x → f(x)   z.B. x → Quersumme von x

Gleichung   y = f(x)   z.B. y = Quersumme von x

Wertetabelle

x	21	22	23	24	25	26	27
y	3	4	5	6	7	8	9

Pfeilbild

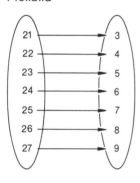

Koordinaten-Diagramm

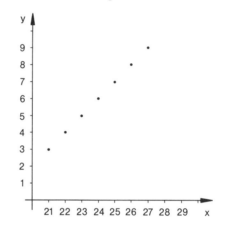

24

Arten von Funktionen

Funktionsgraph	Funktion	Gleichung	Graph
	konstant	$y = c$	Parallele zur x-Achse
	linear	$y = x$	Winkelhalbierende im 1. Winkelfeld
		$y = m \cdot x$ direkte Proportionalität	Ursprungsgerade mit Steigung m
		$y = mx + b$ Normalform	Gerade mit y-Achsenabschnitt b und Steigung m
		$Ax + By + C = 0$ allgemeine Form	
	quadratisch	$y = x^2$	Normalparabel
		$y = ax^2 + bx + c$ Normalform	beliebige Parabel ($a \neq 0$) mit Scheitel $S(x_S/y_S)$
		$y = a(x-x_S)^2 + y_S$ Scheitelpunktform	$a > 0$ Parabel nach oben offen $a < 0$ Parabel nach unten offen Umrechnung: $x_S = -\dfrac{b}{2a}$ $y_S = c - \dfrac{b^2}{4a}$

parallele Geraden

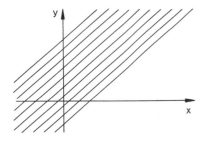

Zuordnungsvorschriften paralleler Geraden haben den gleichen Steigungsfaktor m und verschiedene y-Abschnitte c.

Geradenbüschel

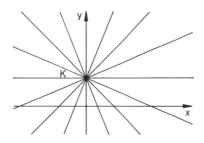

Zuordnungsvorschriften von Geraden, die ein Geradenbüschel bilden, haben verschiedene Steigungsfaktoren m und den gleichen Knotenpunkt K; $K(x_K \mid y_K)$.

Potenzfunktion

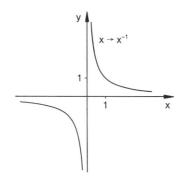

$y = x^n \qquad\qquad$ mit $x \in \mathbb{R}$; $n \in \mathbb{Z} \setminus \{0\}$

Ist $n \in \mathbb{N} \wedge n \geqq 2$, heißt der Graph der Potenzfunktion Parabel n-ten Grades.

Ist $n \in \mathbb{Z} \wedge n \leqq -1$, heißt der Graph der Potenzfunktion Hyperbel.

Wurzelfunktion

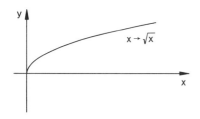

$y = \sqrt[m]{x} \qquad$ mit $x \in \mathbb{R}^+ \cup \{0\}$; $m \in \mathbb{N} \wedge m \geqq 2$

Für $x \in \mathbb{R}^+ \cup \{0\}$ sind die Potenzfunktion $y = x^m$ und die Wurzelfunktion $y = \sqrt[m]{x}$ zueinander Umkehrfunktionen.

Exponentialfunktion

$y = a \cdot b^x$ (mit $b > 0$)
$y = a \cdot b^x$ exponentielles Wachstum,
$y = a \cdot b^{-x}$ exponentielle Abnahme.

Logarithmusfunktion

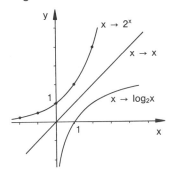

$y = \log_b x$ mit $x \in \mathbb{R}^+$

Die Logarithmusfunktion ist die Umkehrfunktion der Exponentialfunktion.

lg x für b = 10   Zehnerlogarithmus
ln x für b = e   natürlicher Logarithmus

Umkehrfunktion

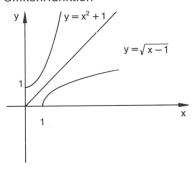

Eine Funktion f, deren Umkehrung wieder eine Funktion ist, heißt umkehrbar.

Eine umkehrbare Funktion besitzt eine Umkehrfunktion.

Eine Funktion f besitzt eine Umkehrfunktion, wenn jede Parallele zur x-Achse den Graphen von f höchstens einmal schneidet.

Die durch Umkehrung von f erhaltene Umkehrfunktion f* heißt Umkehrfunktion von f.

Bestimmung der Gleichung der Umkehrfunktion:

1. Funktionsgleichung nach Variable x auflösen.
2. In der erhaltenen Gleichung die Variablen x und y vertauschen.

Der Graph einer Umkehrfunktion ergibt sich durch Spiegelung des Graphen der Funktion an der Winkelhalbierenden $y = x$ des 1. Winkelfeldes.

Ganz-rationale Funktion

$y = a_n x^n + a_{n-1} x^{n-1} + \ldots + a_2 x^2 + a_1 x + a_0$
mit $n \in \mathbb{N}, a_i \in \mathbb{Q}$
$a_n x^n + a_{n-1} x^{n-1} + \ldots + a_2 x^2 + a_1 x + a_0$
heißt Polynom n-ten Grades

Gebrochen-rationale Funktion

$y = \dfrac{1}{x}$ (mit $x \neq 0$)   Graph: Hyperbel

$Y = \dfrac{a \cdot x + b}{c \cdot x + d}$ (mit $c \neq 0$ und $x \neq -\dfrac{d}{c}$):

linearer Zählerterm und linearer Nennerterm

$y = \dfrac{k}{x - x_0} + y_0$ (mit $x \neq x_0$)

Graph: um x_0 in x-Richtung und y_0 in y-Richtung verschobene Hyperbel

Nullstellen von Polynomen

Satz

> Wenn x_0 Nullstelle eines Polynoms $p(x)$ ist,
> dann gibt es ein Polynom $q(x)$, so daß gilt:
> $$p(x) = q(x) \cdot (x - x_0)$$

Wenn man eine Nullstelle x_0 von $p(x)$ kennt, kann man $q(x) = p(x) : (x - x_0)$ für $x \neq x_0$ durch Division bestimmen.

Geometrie

Zeichen und Abkürzungen

A, B, C, P, Q, ...	Punkte
M	Mittelpunkt
S	Schwerpunkt
a, b, c, g, h, k, ...	Linien (Geraden, Strecken etc.)
$g = AB$	g ist die Gerade durch A und B
a_1, a_2, ... [AB, ...	Halbgerade
r	Radius
d	Durchmesser
$\overline{AB}$	Strecke als Punktmenge
$\overrightarrow{AB}$	Pfeil von A nach B
$|\overline{AB}|$	Länge der Strecke AB
U	Umfang
A	Flächeninhalt
O	Oberfläche
M	Mantelfläche
V	Rauminhalt, Volumen
$\alpha, \beta, \gamma, ...$	Winkelbezeichnungen
$\sphericalangle$	Winkelzeichen
$\llcorner$	Zeichen für rechten Winkel
$\sphericalangle$ (a_1, b_1)	Winkel zwischen a_1 und b_1
$\odot$ (A, r)	Kreis um den Punkt A mit Radius r
$\vec{a}, \vec{b}, \vec{c}, ...$	Vektoren
$\vec{e}$	Einheitsvektor
g ∥ h, g ∦ h	g ist parallel zu h, g ist nicht parallel zu h
g ⊥ h, g ⊥̸ h	g steht senkrecht auf h, g steht nicht senkrecht auf h
$M_1 \sim M_2$	M_1 ist ähnlich zu M_2
$M_1 \cong M_2$	M_1 ist kongruent zu M_2

Grundbegriffe

Gerade

Eine Gerade ist eine Punktmenge.
Eine Gerade ist durch zwei Punkte eindeutig festgelegt.

Halbgerade

Ein Punkt teilt eine Gerade in zwei Halbgeraden.

Strecke

Eine Strecke $\overline{AB}$ ist die Menge aller Punkte einer Geraden g, die zwischen den Punkten A und B liegen, diese beiden Endpunkte mit eingeschlossen.

Strahl

Ein Strahl ist eine gerichtete Halbgerade.

Pfeil

Ein Pfeil ist eine gerichtete Strecke.

Halbebene

Eine Gerade teilt die Ebene, in der sie liegt, in zwei Halbebenen. Sie ist die Teilmenge jeder Halbebene.

Geraden

Gerade in der Ebene

Zwei Punkte A und B legen eine Gerade fest.
Ist a = AB und b = AB, gilt: a = b.

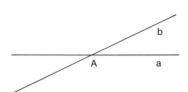

Sind A ∈ a, A ∈ b und a ≠ b, so schneiden
sich die Geraden a und b in einem Punkt A.
Es gilt:
a ∩ b = {A}

Ist a ⊥ g und b ⊥ g, so verlaufen die Geraden
a und b parallel zueinander.
Es gilt:
a ⊥ g ∧ b ⊥ g ⇒ a ∥ b

Gerade und Kreis

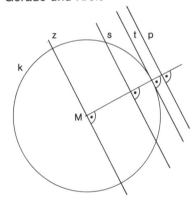

p = Passante

t = Tangente

s = Sekante

z = Zentrale

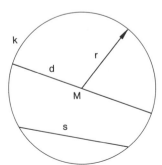

s = Sehne

d = Durchmesser (größtmögliche Sehne)

$r = Radius = \frac{1}{2}d$

Winkel

Drehrichtung

In der Mathematik ist die Drehrichtung gegen den Uhrzeiger als positive Richtung festgelegt.

Arten von Winkeln

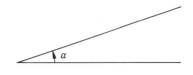

spitzer Winkel
$0° < \alpha < 90°$

rechter Winkel
$\alpha = 90°$

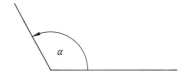

stumpfer Winkel
$90° < \alpha < 180°$

gestreckter Winkel
$\alpha = 180°$

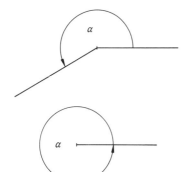

überstumpfer Winkel
$180° < \alpha < 360°$

voller Winkel
$\alpha = 360°$

Eigenschaften von Winkeln

Scheitelwinkel

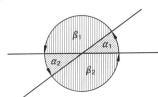

Scheitelwinkel sind gleich groß.
$\alpha_1 = \alpha_2$
$\beta_1 = \beta_2$

Nebenwinkel

Nebenwinkel ergeben zusammen 180°.
$\alpha_1 + \beta_1 = 180°$
$\alpha_2 + \beta_2 = 180°$

Stufenwinkel

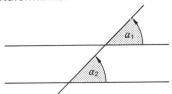

Stufenwinkel an geschnittenen Parallelen sind gleich groß.
$\alpha_1 = \alpha_2$

Wechselwinkel

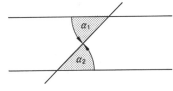

Wechselwinkel an geschnittenen Parallelen sind gleich groß.
$\alpha_1 = \alpha_2$

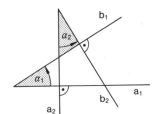

Winkel, deren Anfangs- und deren Endschenkel paarweise aufeinander senkrecht stehen, sind gleich groß.
$\alpha_1 = \alpha_2$

Innenwinkel

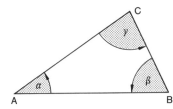

Die Summe der Innenwinkel beträgt
im Dreieck   180°,
im Viereck   360°,
im n-Eck $(n-2) \cdot 180°$.

33

Außenwinkel

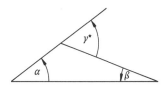

Im Dreieck ist jeder Außenwinkel gleich der Summe der beiden nicht anliegenden Innenwinkel.

$$\gamma^* = \alpha + \beta$$

Winkel im Kreis

Peripheriewinkel und Zentriwinkel

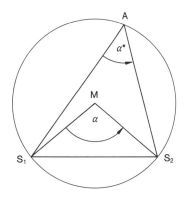

In einem Kreis ist der Peripheriewinkel α^* halb so groß wie der Zentriwinkel α, der mit ihm die gleiche Sehne besitzt.

$$\alpha^* = \frac{1}{2}\,\alpha \quad \text{bzw.} \quad \alpha = 2\,\alpha^*$$

Alle Peripheriewinkel, deren Scheitelpunkte Elemente des gleichen Bogens sind, haben die gleiche Größe.

Satz des Thales

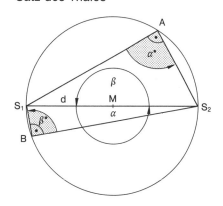

Jeder Peripheriewinkel im Halbkreis ist ein rechter Winkel.

$$\alpha^* = \beta^* = 90°$$

Tangenten-Sekantenwinkel

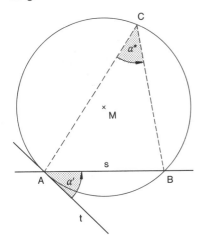

Der Tangenten-Sekantenwinkel α' ist gleich dem Peripheriewinkel α^* im gegenüberliegenden Kreisabschnitt.

$$\alpha' = \alpha^*$$

GEO

Dreiecke

Arten von Dreiecken

Dreieck	spitzwinklig kein Winkel $> 90°$	rechtwinklig ein Winkel $= 90°$	stumpfwinklig ein Winkel $= > 90°$
ungleichseitig keine Seite gleich lang $a \neq b \neq c$			
gleichschenklig zwei Seiten gleich lang $b = c$			
gleichseitig alle Seiten gleich lang $a = b = c$			

Dreiecksungleichung

Im Dreieck ist die Länge einer Seite immer kleiner als die Summe, aber größer als die Differenz der Länge der beiden anderen Seiten.

$$a + b > c > a - b \qquad \text{wenn } a > b$$
$$b + c > a > b - c \qquad \text{wenn } b > c$$
$$c + a > b > c - a \qquad \text{wenn } c > a$$

Sind diese Bedingungen nicht erfüllt, läßt sich ein Dreieck nicht konstruieren.

Dreieckstransversale und ihre Schnittpunkte

Höhen

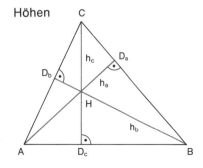

Die Höhen eines Dreiecks (oder ihre Verlängerungen) schneiden sich in einem Punkt H, dem Höhenschnittpunkt.

GEO

Mittelsenkrechte

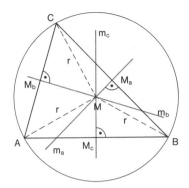

Die Mittelsenkrechten des Dreiecks schneiden sich in einem Punkt M, dem Mittelpunkt des Umkreises.

Mittelparallele

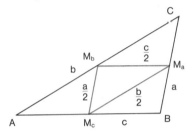

Die Mittelparallelen im Dreieck sind halb so lang wie die zu ihnen parallelen Dreiecksseiten.

Winkelhalbierende

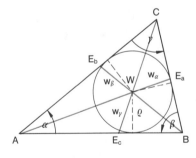

Die Winkelhalbierenden im Dreieck schneiden sich in einem Punkt W, dem Inkreismittelpunkt.

Seitenhalbierende

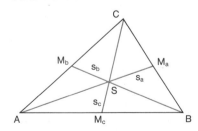

Die Seitenhalbierenden im Dreieck schneiden sich in einem Punkt S, dem Schwerpunkt des Dreiecks.

Der Schwerpunkt S teilt die Seitenhalbierenden im Verhältnis 2 : 1. Die längeren Teilstrecken liegen bei den Ecken.

Berechnung des allgemeinen ebenen Dreiecks

Sinussatz

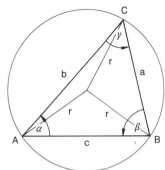

$$\frac{\sin \alpha}{\sin \beta} = \frac{a}{b} \qquad \frac{\sin \beta}{\sin \gamma} = \frac{b}{c} \qquad \frac{\sin \gamma}{\sin \alpha} = \frac{c}{a}$$

Ebenso gilt:

$$\frac{a}{\sin \alpha} = \frac{b}{\sin \beta} = \frac{c}{\sin \gamma} = 2\,r$$

Kosinussatz

$$a^2 = b^2 + c^2 - 2bc \, \cos \alpha$$

$$b^2 = c^2 + a^2 - 2ca \, \cos \beta$$

$$c^2 = a^2 + b^2 - 2ab \, \cos \gamma$$

Flächensatz

$$A = \frac{1}{2} a \cdot b \cdot \sin \gamma = \frac{1}{2} b \cdot c \cdot \sin \alpha = \frac{1}{2} c \cdot a \cdot \sin \beta$$

Kongruenz

Eine Figur F_1 ist kongruent (deckungsgleich) zu einer Figur F_2, wenn sie den gleichen Flächeninhalt und die gleiche Form besitzt.

Übersicht über Kongruenzabbildungen

Ebene Bewegung der Ausgangsfigur F_1:	Kongruenzabbildung F_2 als Ergebnis:
1. beliebige ebene Bewegung	1. beliebige Kongruenzabbildung

2. eigentliche ebene Bewegung
   a) Parallelbewegung
     (längs eines Vektors)
   b) Drehbewegung
     (nur im positiven Drehsinn)
   c) Spiegelung an einem Punkt
	2. gleichsinnige Kongruenzabbildung
	   a) Verschiebung (Translation)
	
	   b) Drehung (Rotation)
	
	   c) Punktspiegelung

3. uneigentliche ebene Bewegung
   a) Klappbewegung um die
     Spiegelachse
	3. gegensinnige Kongruenzabbildung
	   a) Achsenspiegelung

Verknüpfung von
Kongruenzabbildungen

Die Verknüpfung zweier beliebiger Verschiebungen $\vec{a}$ und $\vec{b}$ ist gleich einer einzigen resultierenden Verschiebung $\vec{c}$.

$$\vec{c} = \vec{b} \circ \vec{a}$$

Die Verknüpfung von zwei Achsenspiegelungen $s_2 \circ s_1$ ergibt eine Verschiebung um einen Vektor $\vec{a}$, wenn $s_1 \parallel s_2$ und der Lotvektor von s_1 nach s_2 gleich $\frac{1}{2} \vec{a}$ ist.

Die Verknüpfung von zwei Achsenspiegelungen $s_2 \circ s_1$ ergibt eine Drehung um einen Punkt O und den Winkel 2α, wenn die Spiegelachsen sich im Punkt O schneiden und einen Winkel $\sphericalangle (s_1 \, s_2) = \alpha$ einschließen.

Die Verknüpfung zweier gleichsinniger Kongruenzabbildungen ist eine gleichsinnige Kongruenzabbildung.

Die Verknüpfung zweier gegensinniger Kongruenzabbildungen ist eine gleichsinnige Kongruenzabbildung.

Kongruenzsätze

1. Dreiecke, die in drei analogen Seiten übereinstimmen, gehören einer Menge kongruenter Dreiecke an. (SSS)

2. Dreiecke, die in zwei analogen Seiten und dem von ihnen eingeschlossenen Winkel übereinstimmen, gehören einer Menge kongruenter Dreiecke an. (SWS)

3. Dreiecke, die in einer Seite und den beiden ihr anliegenden Winkeln übereinstimmen, gehören einer Menge kongruenter Dreiecke an. (WSW)
   Das gilt auch, wenn sie in einer Seite, einem ihr anliegenden und einem ihr gegenüberliegenden Winkel übereinstimmen. (SWW)

4. Dreiecke, die in zwei Seiten und dem der größeren Seite gegenüberliegenden Winkel übereinstimmen, gehören einer Menge kongruenter Dreiecke an. (SSW$_g$)

Vierecke

Eigenschaften von Vierecken

allgemeines Viereck

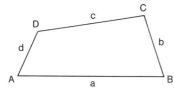

Ein Viereck, dessen Seiten weder gleich lang noch paarweise parallel sind und dessen Winkel paarweise verschiedene Größen haben, heißt allgemeines oder beliebiges Viereck.

Trapez

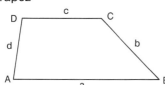

Ein Viereck, dessen Seiten weder gleich lang noch besitzt, die parallel sind, heißt Trapez.
a ∥ c

gleichschenkliges Trapez

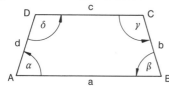

Im gleichschenkligen Trapez gilt zusätzlich zum Trapez:
b = d
$\alpha = \beta$ und $\gamma = \delta$

schiefer Drachen

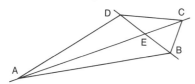

Im schiefen Drachen halbiert eine Diagonale die andere.

$\overline{BE} = \overline{DE}$

gerader Drachen

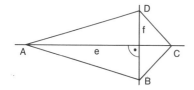

Im geraden Drachen stehen zusätzlich zum schiefen Drachen die Diagonalen aufeinander senkrecht.
e ⊥ f

Parallelogramm

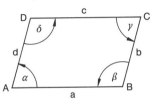

Ein Viereck, in dem die gegenüberliegenden Seiten parallel sind, heißt Parallelogramm. Es gilt:

$a = c$ und $b = d$
$\alpha = \gamma$ und $\beta = \delta$

Die Diagonalen im Parallelogramm halbieren sich gegenseitig.

Rechteck

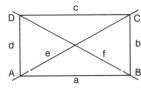

Im Rechteck gilt zusätzlich zum Parallelogramm:

alle Winkel sind gleich groß
$\alpha = \beta = \gamma = \delta = 90°$;

die Diagonalen sind gleich lang
$e = f$

Raute

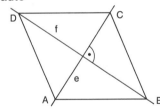

Ein Parallelogramm, dessen vier Seiten gleich lang sind, heißt Raute oder Rhombus.

Die Diagonalen einer Raute stehen aufeinander senkrecht.
$e \perp f$

Quadrat

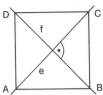

Das Quadrat ist ein Viereck mit vier gleich langen Seiten und vier gleich großen Innenwinkeln (90°).

Die Diagonalen im Quadrat sind gleich lang und stehen aufeinander senkrecht.
$e = f$ und $e \perp f$

Viereck und Kreis

Sehnenviereck

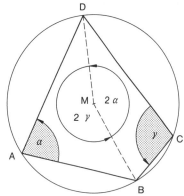

Im Sehnenviereck ist die Summe zweier gegenüberliegender Innenwinkel = 180°.

$\alpha + \gamma = 180°$

$\beta + \delta = 180°$

Tangentenviereck

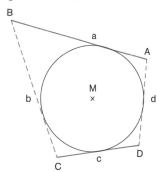

Im Tangentenviereck sind die Summen zweier gegenüberliegender Seiten gleich.

$\underline{a + c = b + d}$

Ähnlichkeit

Ähnlichkeitssätze

Zwei Dreiecke ABC und A′B′C′ gehören einer Menge ähnlicher Dreiecke an, wenn in beiden Dreiecken

1. die Längenverhältnisse der drei Seiten gleich sind:
   $a : b : c = a′ : b′ : c′$;

2. die Längenverhältnisse zweier analoger Seiten und die von ihnen eingeschlossenen Winkel gleich sind:
   $a : b = a′ : b′$ und $\gamma = \gamma′$;

3. die Längenverhältnisse zweier analoger Seiten und die den längeren Seiten gegenüberliegenden Winkel gleich sind:
   $b : c = b′ : c′$ und wenn $b > c$, dann $\beta = \beta′$;

4. zwei analoge Winkel gleich sind:
   $\alpha = \alpha′$ und $\beta = \beta′$ (und folglich auch $\gamma = \gamma′$).

zentrische Streckung

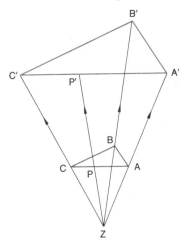

Die zentrische Streckung ist eine Ähnlichkeitsabbildung.

Die zentrische Streckung mit dem Streckzentrum Z und dem Streckfaktor k ist eine Abbildung, die jedem Punkt P einen Punkt P′ zuordnet, so daß gilt:

$$\overrightarrow{ZP'} = k \cdot \overrightarrow{ZP} \text{ mit } k \in \mathbb{R}^+, \text{ kurz: } P \xrightarrow[k]{Z} P'$$

Parallelprojektion

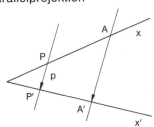

Die Abbildung, die einem Punkt A ∈ x genau einen Punkt A′ ∈ x′ zuordnet, indem durch den Punkt A eine Parallele zu einer Geraden p ∦ x gezogen wird, die x′ im Punkt A′ schneidet, ist eine Parallelprojektion.

kollineare Vektoren

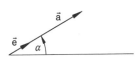

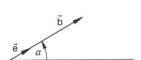

Zwei Vektoren $\vec{a}$ und $\vec{b}$ mit $\vec{b} \neq \vec{0}$ sind kollinear, wenn sich durch Multiplikation des Vektors $\vec{b}$ mit dem Faktor $t = \dfrac{a}{b}$ der Vektor $\vec{a}$ ergibt. Es gilt:

$$\vec{a} = a \cdot \vec{e}$$
$$\vec{b} = b \cdot \vec{e} \text{ und}$$
$$\vec{a} = \frac{a}{b} \cdot \vec{b} \text{ bzw.}$$
$$\vec{a} = t \cdot \vec{b} \qquad \text{mit } t \in \mathbb{R} \setminus \{0\}$$

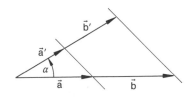

Zwei kollineare Vektoren $\vec{a}$ und $\vec{b}$ werden durch Parallelprojektion in kollineare Bildvektoren $\vec{a}'$ und $\vec{b}'$ übergeführt. Es gilt:

$$\vec{a} = t \cdot \vec{b} \text{ und}$$
$$\vec{a}' = t \cdot \vec{b}' \qquad \text{mit } t \in \mathbb{R} \setminus \{0\}$$

Strahlensätze

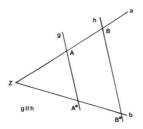

1. Strahlensatz:

Werden zwei Schenkel a und b eines Winkels von zwei zueinander parallelen Geraden geschnitten, so verhalten sich die Strecken auf dem einen Schenkel wie die entsprechenden Strecken auf dem anderen Schenkel.

$$\frac{|ZA|}{|ZB|} = \frac{|ZA^*|}{|ZB^*|} = \frac{|AB|}{|A^*B^*|}$$

2. Strahlensatz:

Werden zwei Schenkel a und b eines Winkels von zwei zueinander parallelen Geraden geschnitten, so verhalten sich die Strecken auf den Parallelen wie die Strecken auf den Schenkeln des Winkels, jeweils vom Scheitelpunkt aus gemessen.

$$\frac{|ZA|}{|ZB|} = \frac{|AA^*|}{|BB^*|} \quad \text{und} \quad \frac{|ZA^*|}{|ZB^*|} = \frac{|AA^*|}{|BB^*|}$$

Flächen

Flächenberechnung

Dreieck

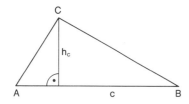

$$A = \frac{1}{2} a \cdot h_a = \frac{1}{2} b \cdot h_b = \frac{1}{2} c \cdot h_c$$

rechtwinkliges Dreieck

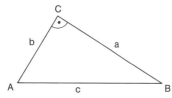

$$A = \frac{a \cdot b}{2}$$

gleichseitiges Dreieck

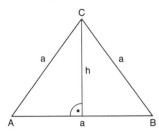

$$A = \frac{a^2}{4} \sqrt{3}$$

$$h = \frac{a}{2} \sqrt{3}$$

$$\text{Umkreisradius } r = \frac{a}{3} \sqrt{3}$$

$$\text{Inkreisradius } \varrho = \frac{a}{6} \sqrt{3}$$

Quadrat

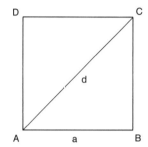

$$A = a^2$$

$$d = a \sqrt{2}$$

$$\text{Umkreisradius } r = \frac{a}{2} \sqrt{2}$$

$$\text{Inkreisradius } \varrho = \frac{a}{2}$$

Rechteck

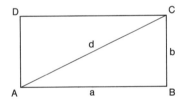

$$A = a \cdot b$$

$$d = \sqrt{a^2 + b^2}$$

Parallelogramm

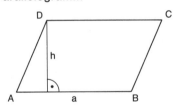

$$A = a \cdot h$$

Trapez

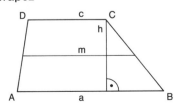

$$A = m \cdot h \qquad \text{mit } m = \frac{a + c}{2}$$

Kreis

Umfang $U = 2 \cdot r \cdot \pi = d \cdot \pi$

Fläche $A = r^2 \cdot \pi \qquad = \dfrac{d^2 \cdot \pi}{4}$

$$\boxed{\text{Kreiszahl } \pi = 3{,}14159\ldots}$$

Kreisgleichung $x^2 + y^2 = r^2$
Funktion des (oberen) Halbkreises:

$$y = + \sqrt{r^2 - x^2}$$

Kreisausschnitt

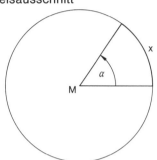

$$A_\alpha = \frac{r^2 \cdot \pi \cdot \alpha}{360°}$$

$$A_\alpha = \frac{r^2}{2}\, x$$

α = Zentriwinkel im Gradmaß
x = Bogenmaß des Winkels α

$$x = \frac{\pi \cdot \alpha}{180°}$$

$$x = \text{arc } \alpha$$

Kreisabschnitt

$$A = \left(\frac{\pi \cdot \alpha}{180°} - \sin \alpha \right) \cdot \frac{r^2}{2}$$

Sehnentrapezformel

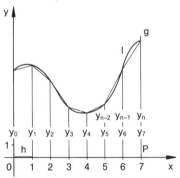

$$A_s = h \cdot \left(\frac{y_o}{2} + y_1 + y_2 + y_3 + \ldots + y_{n-2} + y_{n-1} + \frac{y_n}{2} \right)$$

Tangententrapezformel

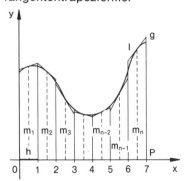

$$A_t = h \cdot (m_1 + m_2 + m_3 + \ldots + m_{n-1} + m_n)$$

Doppelstreifenregel

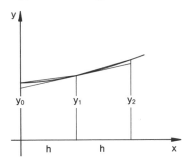

$$A = \frac{h \cdot (y_o + 4y_1 + y_2)}{3}$$

Simpsonsche Regel

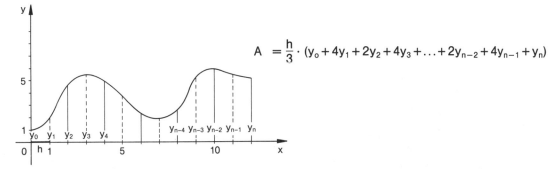

$$A = \frac{h}{3} \cdot (y_o + 4y_1 + 2y_2 + 4y_3 + \ldots + 2y_{n-2} + 4y_{n-1} + y_n)$$

Flächengleichheit

Dreiecke mit gleicher Grundlinie und gleicher Höhe sind flächengleich.

Parallelogramme mit gleicher Grundlinie und gleicher Höhe sind flächengleich.

Trapeze mit gleicher Mittellinie und gleicher Höhe sind flächengleich.

Flächensätze am rechtwinkligen Dreieck

Kathetensatz
(Euklid)

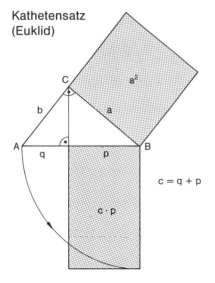

$c = q + p$

Das Quadrat über einer Kathete eines rechtwinkligen Dreiecks ist flächengleich mit dem Rechteck, gebildet aus der Hypotenuse und dem zugehörigen Hypotenusenabschnitt.

$a^2 = c \cdot p$

$b^2 = c \cdot q$

Satz des Pythagoras

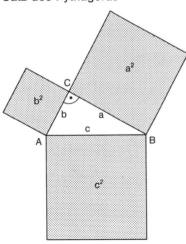

Im rechtwinkligen Dreieck ist das Quadrat über der Hypotenuse gleich groß mit der Summe der Quadrate über den beiden Katheten.

$a^2 + b^2 = c^2$

Höhensatz

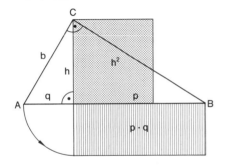

Im rechtwinkligen Dreieck ist das Quadrat über der Höhe gleich dem Rechteck, gebildet aus den Hypotenusenabschnitten.

$h^2 = q \cdot p$

Ähnlichkeit am Kreis

Sehnensatz

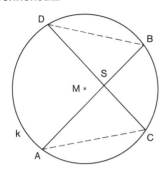

Schneiden sich die Sehnen eines Kreises k in einem Punkt $S \in k_i$, so sind die Rechtecke, gebildet aus den Abschnitten jeder Sehne, flächengleich.

$$|\overline{SA}| \cdot |\overline{SB}| = |\overline{SC}| \cdot |\overline{SD}|$$

Sekantensatz

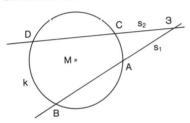

Schneiden sich die Sekanten eines Kreises k in einem Punkt $S \in k_a$, so sind die Rechtecke, gebildet aus den jeweils von S ausgehenden Abschnitten jeder Sekante, flächengleich.

$$|\overline{SA}| \cdot |\overline{SB}| = |\overline{SC}| \cdot |\overline{SD}|$$

Tangentensatz

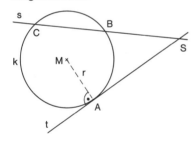

Schneiden sich eine Sekante s und eine Tangente t eines Kreises k in einem Punkt $S \in k_a$, so ist die Fläche des Quadrates aus der Länge des entstehenden Tangentenabschnitts gleich der Fläche des Rechtecks aus den Sekantenabschnitten, jeweils vom Schnittpunkt S aus gemessen.

$$|\overline{SA}|^2 = |\overline{SB}| \cdot |\overline{SC}|$$

Mittelwerte

Mittelwerte von a und b $(a, b > 0)$
Für zwei Werte a und b gilt:

arithmetisches Mittel $\qquad m = \dfrac{a + b}{2}$

geometrisches Mittel $\qquad g = \sqrt{a \cdot b}$

harmonisches Mittel $\qquad h = \dfrac{2 \cdot a \cdot b}{a + b}$

$h \leqq g \leqq m$

Berechnung von Körpern

Würfel

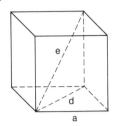

$V = a^3$

$O = 6a^2$

$d = a\sqrt{2}$

$e = a\sqrt{3}$

V = Volumen

O = Oberfläche

Quader

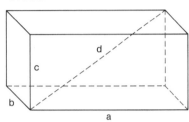

$V = a \cdot b \cdot c$

$O = 2 \cdot (ab + ac + bc)$

$d = \sqrt{a^2 + b^2 + c^2}$

Prisma

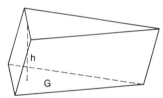

$V = G \cdot h$

$M = $ n Seitenflächeninhalt

$O = 2 \cdot$ Grundfläche $+$ n Seitenflächeninhalt

$M = $ Mantelfläche

Kreiszylinder

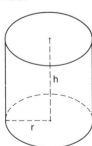

$V = r^2 \cdot \pi \cdot h$

$M = d \cdot \pi \cdot h = 2 \cdot r \cdot \pi \cdot h$

$O = d \cdot \pi \cdot (h + \dfrac{d}{2})$

Pyramide

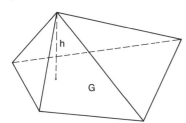

$$V = \frac{1}{3} \, G \cdot h$$

$M = $ n Seitenflächeninhalt

$O = $ Grundfläche $+$ n Seitenflächeninhalt

Kegel

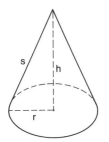

$$V = \frac{1}{3} \, r^2 \cdot \pi \cdot h$$

$$M = s \cdot r \cdot \pi$$

$$O = r \cdot \pi \cdot (r + s) = \pi \, r^2 + \pi \, rs$$

Pyramidenstumpf

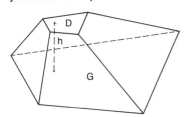

$$V = \frac{1}{3} \, h \cdot (G + \sqrt{G \cdot D} + D)$$

$G = $ Grundflächeninhalt
$D = $ Deckflächeninhalt

Kegelstumpf

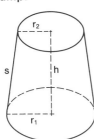

$$V = \frac{1}{3} \cdot \pi \cdot h \cdot (r_1{}^2 + r_1 \, r_2 + r_2{}^2)$$

$$M = \pi \cdot s \cdot (r_1 + r_2)$$

$$O = \pi \, r_1{}^2 + \pi \, r_2{}^2 + \pi \, s \cdot (r_1 + r_2)$$

$r_1 = $ Grundkreisradius
$r_2 = $ Deckkreisradius

Kugel

$$V = \frac{4}{3} r^3 \cdot \pi$$

$$O = 4 r^2 \cdot \pi$$

Kugelabschnitt

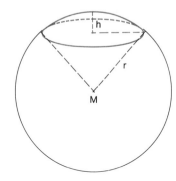

$$V = \frac{1}{3} \pi \cdot h^2 \cdot (3r - h)$$

Kugelkappe (Mantel des Kugelabschnitts):

$$A = 2 \cdot \pi \cdot r \cdot h$$

r = Kugelradius
h = Höhe des Abschnitts

Kugelschicht

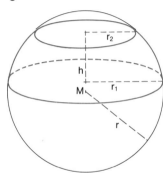

$$V = \frac{\pi \cdot h}{6} \cdot (3r_1^2 + 3r_2^2 + h^2)$$

Kugelzone (Mantel der Kugelschicht):

$$A = 2 \cdot \pi \cdot r \cdot h$$

r = Kugelradius
h = Höhe der Schicht

Kugelsektor

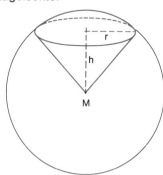

$$V = \frac{2}{3} \pi \cdot r^2 \cdot h$$

Sätze

Satz von Cavalieri

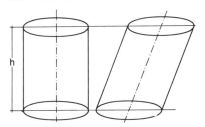

Körper, die zwischen zwei parallelen Ebenen liegen und in gleicher Höhe gleiche Querschnitte besitzen, stimmen in ihrem Volumen überein.

Simpsonsche Volumenformel

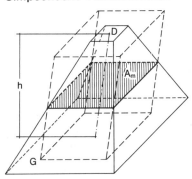

$$V = \frac{h}{6} \cdot (4 \cdot A_m + G + D)$$

G = Grundfläche
A_m = mittlere Fläche
D = Deckfläche

Guldinsche Regel

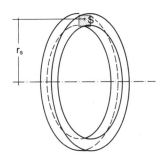

Das **Volumen** eines Drehkörpers errechnet sich als das Produkt aus der Querschnittsfläche A und dem Weg des Schwerpunktes S dieser Fläche um die Drehachse.

$$V = A \cdot 2r_s \cdot \pi$$

r_s = Abstand des Schwerpunktes von der Drehachse

Die **Mantelfläche** eines Drehkörpers errechnet sich als das Produkt aus der Mantellinie s und dem Weg des Schwerpunktes dieser Mantellinie um die Drehachse.

$$M = s \cdot 2r_s \cdot \pi$$

Die **Oberfläche** eines Drehkörpers errechnet sich als das Produkt aus dem Umfang der rotierenden Querschnittsfläche und dem Weg des Schwerpunktes dieser Umfangslinie um die Drehachse.

$$O = U \cdot 2r_s \cdot \pi$$

Trigonometrie[3]

Winkelfunktionen

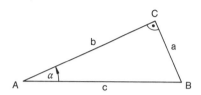

Im rechtwinkligen Dreieck ist definiert:

$$\sin \alpha = \frac{\text{Gegenkathete}}{\text{Hypotenuse}} \qquad \sin \alpha = \frac{a}{c}$$

$$\cos \alpha = \frac{\text{Ankathete}}{\text{Hypotenuse}} \qquad \cos \alpha = \frac{b}{c}$$

$$\tan \alpha = \frac{\text{Gegenkathete}}{\text{Ankathete}} \qquad \tan \alpha = \frac{a}{b}$$

$$\cot \alpha = \frac{\text{Ankathete}}{\text{Gegenkathete}} \qquad \cot \alpha = \frac{b}{a}$$

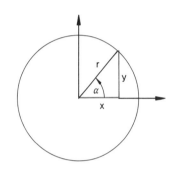

Für beliebige Winkel gilt:

$$\sin \alpha = \frac{y}{r}$$

$$\cos \alpha = \frac{x}{r}$$

$$\tan \alpha = \frac{y}{x}$$

$$\cot \alpha = \frac{x}{y}$$

Sonderfall
Im Einheitskreis gilt:
$r = 1$

Vorzeichen der Werte in den vier Quadranten

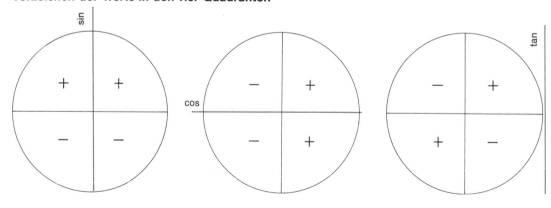

---

[3] Zur Berechnung des allgemeinen ebenen Dreiecks siehe S. 38.

Funktionswerte beliebiger Winkel

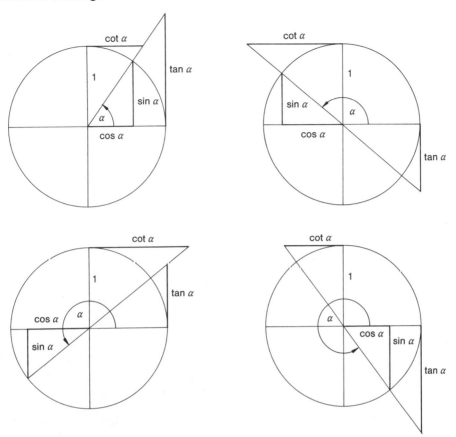

Funktionswerte wichtiger Winkel im 1. Quadranten

α	0°	30°	45°	60°	90°
$\sin \alpha$	0	$\dfrac{1}{2}$	$\dfrac{1}{2}\sqrt{2}$	$\dfrac{1}{2}\sqrt{3}$	1
$\cos \alpha$	1	$\dfrac{1}{2}\sqrt{3}$	$\dfrac{1}{2}\sqrt{2}$	$\dfrac{1}{2}$	0
$\tan \alpha$	0	$\dfrac{1}{3}\sqrt{3}$	1	$\sqrt{3}$	nicht definiert

Werte für Sinus, Tangens und Bogenmaß sehr kleiner Winkel stimmen nahezu überein.

Funktionswerte für Summe und Differenz zweier Winkel

Additionstheoreme
$$\sin(\alpha \pm \beta) = \sin\alpha \cdot \cos\beta \pm \cos\alpha \cdot \sin\beta$$
$$\cos(\alpha \pm \beta) = \cos\alpha \cdot \cos\beta \mp \sin\alpha \cdot \sin\beta$$
$$\tan(\alpha \pm \beta) = \frac{\tan\alpha \pm \tan\beta}{1 \mp \tan\alpha \cdot \tan\beta}$$

doppelte Winkel
$$\sin 2\alpha = 2 \cdot \sin\alpha \cdot \cos\alpha$$
$$\cos 2\alpha = \cos^2\alpha - \sin^2\alpha$$
$$\tan 2\alpha = \frac{2 \cdot \tan\alpha}{1 - \tan^2\alpha}$$

Trigonometrische Funktionen

Eigenschaften der trigonometrischen Funktionen

Funktion	Definitionsmenge	Werte-menge	Symmetrie	Periodizität
sin	W bzw. $\mathbb{R}$	$[-1;\,1]$	$\sin(-\alpha) = -\sin\alpha$	$\sin\alpha = \sin(\alpha + k \cdot 360°)$ bzw. $\sin x = \sin(x + k \cdot 2\pi)$ $k \in \mathbb{Z}$
cos	W bzw. $\mathbb{R}$	$[-1;\,1]$	$\cos(-\alpha) = \cos\alpha$	$\cos\alpha = \cos(\alpha + k \cdot 360°)$ bzw. $\cos x = \cos(x + k \cdot 2\pi)$ $k \in \mathbb{Z}$
tan	$W \setminus \{\alpha \in W \mid \alpha = 90° + k \cdot 180°\}$ bzw. $\mathbb{R} \setminus \{x \in \mathbb{R} \mid x = \frac{\pi}{2} + k \cdot \pi\}$ $k \in \mathbb{Z}$	$\mathbb{R}$	$\tan(-\alpha) = -\tan\alpha$	$\tan\alpha = \tan(\alpha + k \cdot 180°)$ bzw. $\tan x = \tan(x + k \cdot \pi)$ $k \in \mathbb{Z}$

Beziehungen zwischen trigonometrischen Funktionen

$$\tan\alpha = \frac{\sin\alpha}{\cos\alpha}$$
$$\tan\alpha = \frac{1}{\cot\alpha}$$
$$\cot\alpha = \frac{\cos\alpha}{\sin\alpha}$$
$$\sin^2\alpha + \cos^2\alpha = 1$$

Phasenverschiebung
$$\sin\alpha = \cos(\alpha - 90°)$$
$$\cos\alpha = \sin(\alpha + 90°)$$

Kofunktion	
	$\sin \alpha = \cos (90° - \alpha)$
	$\cos \alpha = \sin (90° - \alpha)$

Für spitze Winkel
($0 < \alpha < 90°$) gilt:

$$\sin \alpha = \frac{\tan \alpha}{\sqrt{1 + \tan^2 \alpha}} \; ; \quad \cos \alpha = \frac{1}{\sqrt{1 + \tan^2 \alpha}}$$

$$\tan^2 \alpha + 1 = \frac{1}{\cos^2 \alpha}$$

Umwandlung von trigonometrischen Funktionswerten

Winkelfeld	Winkel (in °)	sin	cos	tan
I	α	$+ \sin \alpha$	$+ \cos \alpha$	$+ \tan \alpha$
II	$180 - \alpha$	$+ \sin \alpha$	$- \cos \alpha$	$- \tan \alpha$
III	$180 + \alpha$	$- \sin \alpha$	$- \cos \alpha$	$+ \tan \alpha$
IV	$360 - \alpha$	$- \sin \alpha$	$+ \cos \alpha$	$- \tan \alpha$
IV	$- \alpha$	$- \sin \alpha$	$+ \cos \alpha$	$- \tan \alpha$
I	$90 - \alpha$	$+ \cos \alpha$	$+ \sin \alpha$	$+ \dfrac{1}{\tan \alpha}$
II	$90 + \alpha$	$+ \cos \alpha$	$- \sin \alpha$	$- \dfrac{1}{\tan \alpha}$
III	$270 - \alpha$	$- \cos \alpha$	$- \sin \alpha$	$+ \dfrac{1}{\tan \alpha}$
IV	$270 + \alpha$	$- \cos \alpha$	$+ \sin \alpha$	$- \dfrac{1}{\tan \alpha}$

Winkelbogen

Bogenlänge eines Winkels

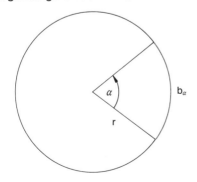

Aus $360° \triangleq 2 \cdot r \cdot \pi$ folgt:

$$b_\alpha = \frac{r \cdot \pi \cdot \alpha}{180°}$$

Gradmaß und Bogenmaß

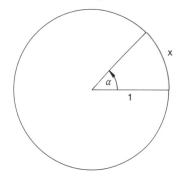

Einheit des Bogenmaßes b: 1 Radiant (rad)

Bogenmaß: $x = \text{arc } \alpha = \dfrac{b}{r}$

Beziehungen zwischen dem Winkel α im Gradmaß und dem Winkel x im Bogenmaß:

$180° \qquad = \pi \ (\text{rad})$

$\alpha : 180° = b : \pi$

$$\alpha = \frac{b \cdot 180°}{\pi}$$

$$b = \frac{\alpha \cdot \pi}{180°}$$

Harmonische Schwingung

f = Frequenz
t = Schwingungszeit

Schwingungsdauer:
$$T = \frac{1}{f}$$

Phasenwinkel:
$$\varphi = 2 \pi \ ft$$

Kreisfrequenz:
$$\omega = 2 \pi \ f$$

Elongation-Zeit-Gesetz:
$$y = a \cdot \sin 2 \pi \ ft$$
$$y = a \cdot \sin (2 \pi \ ft - 2 \pi \ ft_0)$$
$$y = a \cdot \sin (\varphi - \varphi_0)$$

Analysis – Folgen und Grenzwerte

Definition von Folgen

> Funktionen, deren Definitionsmenge die Menge der natürlichen Zahlen IN oder ein Teilstück davon ist, heißen Folgen. Die Funktionswerte heißen Folgenglieder.

unendliche Folge: $D = IN^*$
endliche Folge: $D \subset IN^*$

Die Glieder einer Folge werden bezeichnet:
$a_1, a_2, a_3, a_4, \ldots, a_n$ mit $n \in IN^*$

Die Definition einer Folge durch
– das erste Glied und
– eine Vorschrift, wie man aus dem n-ten Glied das (n + 1)-te Glied bestimmt,
nennt man eine rekursive Definition.

Arithmetische Folge und Reihe

> Eine Zahlenfolge heißt arithmetische Folge, wenn die Differenz d zweier aufeinanderfolgender Glieder stets denselben Wert hat.

Eine arithmetische Folge ist festgelegt durch das erste Glied a_1 und durch $a_{n+1} = a_n + d$.

Das n-te Glied einer arithmetischen Folge heißt:
$$a_n = a_1 + (n - 1) \cdot d$$

Werden die Glieder einer arithmetischen Folge addiert, erhält man eine arithmetische Reihe.

Summe der arithmetischen Reihe mit n Gliedern:
$$s_n = a_1 + a_2 + \ldots + a_n$$
$$s_n = \frac{n}{2} (2a_1 + (n - 1) \, d)$$
$$s_n = \frac{n}{2} (a_1 + a_n)$$

Geometrische Folge und Reihe

> Eine Zahlenfolge heißt geometrische Folge, wenn der Quotient zweier aufeinanderfolgender Glieder stets denselben Wert hat.

Eine geometrische Folge ist festgelegt durch das 1. Glied a_1 und durch $a_{n+1} = a_n \cdot q$.

Das n-te Glied einer geometrischen Folge heißt:

$$a_n = a_1 \cdot q^{n-1}$$

Werden die Glieder einer geometrischen Folge addiert, erhält man eine geometrische Reihe.

Summe der geometrischen Reihe mit n Gliedern:

$$s_n = a_1 + a_2 + \ldots + a_n$$

$$s_n = a_1 \frac{q^n - 1}{q - 1} \qquad \text{wenn } |q| > 1$$

$$s_n = a_1 \frac{1 - q^n}{1 - q} \qquad \text{wenn } 0 < |q| < 1$$

Monotonie von Folgen

Eine Folge $f : n \rightarrow a_n$ heißt monoton steigend, wenn gilt:
$$a_n \leqq a_{n+1} \qquad \text{für alle } n \in \mathbb{N}^*$$

Eine Folge $f : n \rightarrow a_n$ heißt monoton fallend, wenn gilt:
$$a_n \geqq a_{n+1} \qquad \text{für alle } n \in \mathbb{N}^*$$

Grenzwerte von Folgen

Nullfolge

Die Folge $n \rightarrow a_n$ ($n \in \mathbb{N}^*$) hat den Grenzwert 0 (ist eine Nullfolge), wenn es zu jeder noch so kleinen Zahl $\varepsilon > 0$ eine Zahl S gibt, so daß gilt:
$$|a_n| < \varepsilon \qquad \text{für alle } n > S$$

Folge mit von Null verschiedenem Grenzwert

Die Folge $n \rightarrow a_n$ ($n \in \mathbb{N}^*$) hat den Grenzwert $g \in \mathbb{R}$, wenn es zu jeder noch so kleinen Zahl $\varepsilon > 0$ eine Zahl S gibt, so daß gilt:
$$|g - a_n| < \varepsilon \qquad \text{für alle } n > S$$

Grenzwertsätze

Für konvergente Folgen a_n und b_n mit
$\alpha = \lim\limits_{n \to \infty} a_n$ und $\beta = \lim\limits_{n \to \infty} b_n$ gilt:

Grenzwertsatz für Summen

$$\lim\limits_{n \to \infty} (a_n + b_n) = \lim\limits_{n \to \infty} a_n + \lim\limits_{n \to \infty} b_n = \alpha + \beta$$

Grenzwertsatz für Differenzen

$$\lim\limits_{n \to \infty} (a_n - b_n) = \lim\limits_{n \to \infty} a_n - \lim\limits_{n \to \infty} b_n = \alpha - \beta$$

Grenzwertsatz für Produkte

$$\lim\limits_{n \to \infty} (a_n \cdot b_n) = \lim\limits_{n \to \infty} a_n \cdot \lim\limits_{n \to \infty} b_n = \alpha \cdot \beta$$

Grenzwertsatz für Quotienten

$$\lim\limits_{n \to \infty} \frac{a_n}{b_n} = \frac{\lim\limits_{n \to \infty} a_n}{\lim\limits_{n \to \infty} b_n} = \frac{\alpha}{\beta} \qquad \text{für } b_n \neq 0$$

$$\text{und } \lim\limits_{n \to \infty} b_n \neq 0$$

Grenzwertsatz für das Produkt
aus der Konstanten c
und einer Folge

$$\lim\limits_{n \to \infty} (c \cdot a_n) = c \cdot \alpha$$

Grenzwertsatz für die Potenz
einer Folge

$$\lim\limits_{n \to \infty} a_n^{\,k} = \alpha^k$$

Grenzwertsatz für die Wurzel
einer Folge

$$\lim\limits_{n \to \infty} \sqrt{a_n} = \sqrt{\alpha}$$

Grenzwertsatz für den Betrag
einer Folge

$$\lim\limits_{n \to \infty} |a_n| = |\alpha|$$

FOL

Konvergenz (Beschränktheit)

Allgemeines Konvergenzkriterium:
Ist eine Folge monoton und beschränkt, dann ist sie konvergent.

Eine Folge $n \to a_n$ heißt beschränkt, wenn es Zahlen $k_1, k_2 \in IR$ gibt, so daß gilt:
$k_1 \leq a_n \leq k_2$ $\qquad$ für alle $n \in IN^*$

Eine Folge $n \to a_n$ heißt nach oben beschränkt, wenn es eine Zahl $K \in IR$ gibt, so daß gilt:
$a_n \leq K$ $\qquad$ für alle a_n

Eine Folge $n \to a_n$ heißt nach unten beschränkt, wenn es eine Zahl $K \in IR$ gibt, so daß gilt:
$a_n \geq K$ $\qquad$ für alle a_n

Besitzt eine Folge den Grenzwert g, so ist sie konvergent:

$$\lim_{n \to \infty} a_n = g$$

Wenn eine Folge konvergiert, dann ist sie auch beschränkt.

Wenn eine Folge beschränkt und monoton ist, dann ist sie auch konvergent.

Besitzt eine Folge keinen Grenzwert, so ist sie divergent.

spezielle konvergente Folgen

$$\lim_{n \to \infty} \frac{1}{n} = 0$$

$$\lim_{n \to \infty} a_1 \cdot q^n = 0$$

(für geometrische Folgen mit $|q| < 1$)

$$\lim_{n \to \infty} s_n = a_1 \frac{1}{1 - q}$$

$$s_n = a_1 + a_1 q + \ldots + a_1 q^{n-1}$$

(für geometrische Reihen mit $|q| < 1$)

$$\lim_{n \to \infty} (1 + \frac{1}{n})^n = e = \lim_{n \to \infty} (1 + \frac{1}{n})^{n+1}$$

$$\boxed{\text{Eulersche Zahl: } e \approx 2{,}71828}$$

Summenformeln

$$1 + 3 + 5 + \ldots + (2n - 1) = n^2$$

$$1 + 2 + 3 + \ldots + n = \frac{1}{2} n (n + 1)$$

$$1^2 + 2^2 + 3^2 + \ldots + n^2 = \frac{1}{6} n (n + 1) (2n + 1)$$

$$1^3 + 2^3 + 3^3 + \ldots + n^3 = \frac{1}{4} n^2 (n + 1)^2$$

$$\frac{1}{1 \cdot 2} + \frac{1}{2 \cdot 3} + \frac{1}{3 \cdot 4} + \ldots + \frac{1}{n (n + 1)} = \frac{n}{n + 1}$$

Beweis durch vollständige Induktion

Es soll eine Aussage $A(n)$ für alle Zahlen $n \in \mathbb{N}^*$ durch vollständige Induktion bewiesen werden.

1. Schritt: Induktionsanfang
Die Aussage $A(1)$ ist für $n = 1$ richtig.

2. Schritt: Induktionsbehauptung
Annahme: Die Aussage ist für ein beliebiges $n \in \mathbb{N}^*$ richtig.
Dann ist sie auch für $n + 1$ richtig.

3. Schritt: Induktionsschluß
Damit gilt die Aussage $A(n)$ für alle $n \in \mathbb{N}^*$.

Intervalle

FOL

Intervalle sind Mengen reeller Zahlen auf einer Zahlengeraden.
Die Zahlen a und b sind Randpunkte.

[a, b] abgeschlossenes Intervall
]a, b[offenes Intervall
[a, b[halboffenes Intervall
]a, b] halboffenes Intervall

$$[a, b] = \{ x \mid a \leqq x \leqq b \}$$
$$]a, b[= \{ x \mid a < x < b \}$$
$$[a, b[= \{ x \mid a \leqq x < b \}$$
$$]a, b] = \{ x \mid a < x \leqq b \}$$

Intervallschachtelung

Eine Folge von Intervallen I_1, I_2, I_3, ... heißt Intervallschachtelung, wenn gilt:

1. Jedes Intervall umfaßt das folgende $I_n \supseteq I_{n+1}$
2. Die Intervallängen bilden eine Nullfolge.

Gleichwertig mit:
Ein Folgenpaar (a_n, b_n) bildet eine Intervallschachtelung, wenn gilt:

1. Die Folge a_n ist monoton wachsend.
2. Die Folge b_n ist monoton fallend.
3. Die Folge $(b_n - a_n)$ ist eine Nullfolge.

Analysis – Differentialrechnung

Monotonie von Funktionen

Eine Funktion f, die in einem Intervall I definiert ist, heißt dort
monoton steigend (wachsend), wenn gilt:
$f(x_1) \leqq f(x_2)$ mit $x_1, x_2 \in I$ und $x_1 < x_2$

Gilt statt $\leqq$ die Relation $<$, spricht man von einer streng monoton steigenden Funktion.

Eine Funktion f, die in einem Intervall I definiert ist, heißt dort
monoton fallend, wenn gilt:
$f(x_1) \geqq f(x_2)$ mit $x_1, x_2 \in I$ und $x_1 < x_2$

Gilt statt $\geqq$ die Relation $>$, spricht man von einer streng monoton fallenden Funktion.

Grenzwert von Funktionen

$\lim\limits_{x \to \infty} f(x)$ oder $\lim\limits_{x \to -\infty} f(x)$

Eine Funktion $x \to f(x)$ hat für $x \to \infty$ oder $x \to -\infty$ den Grenzwert α, wenn es zu jeder (noch so kleinen) Zahl $\varepsilon > 0$ eine Zahl S gibt, so daß gilt:
$|f(x) - \alpha| < \varepsilon$ für alle $x > S$

Man schreibt: $\lim\limits_{x \to \infty} f(x) = \alpha$ oder $\lim\limits_{x \to -\infty} f(x) = \alpha$

$\lim\limits_{x \to x_0} f(x)$

Eine Funktion $x \to f(x)$ hat für $x \to x_0$ den Grenzwert α, wenn es zu jedem $\varepsilon > 0$ ein $\delta > 0$ gibt, so daß gilt:
$|f(x) - \alpha| < \varepsilon$ für $|x - x_0| < \delta$ und $x \neq x_0$

Man schreibt: $\lim\limits_{x \to x_0} f(x) = \alpha$

Lücke

Ist eine Funktion $f(x)$ in x_0 nicht definiert, wohl aber in einer Umgebung von x_0, dann sagt man, die Funktion hat an der Stelle x_0 eine Lücke.

Existiert der Grenzwert $\lim\limits_{x \to x_0} f(x)$, so heißt die Lücke

hebbar, andernfalls nicht hebbar.
Die Lücke wird behoben durch die Zusatzdefinition
$f(x_0) = \lim\limits_{x \to x_0} f(x)$.

Pol	Eine Lücke einer Funktion, an der der links- und der rechtsseitige Grenzwert uneigentlich sind (+ ∞ bzw. − ∞), heißt Pol der Funktion.
Vertikale Asymptote	Nähern sich die x-Werte der Polstelle, so kommt der Graph der Funktion beliebig nahe an die Senkrechte zur x-Achse durch den Pol, trifft sie jedoch nie. Diese vertikale Gerade nennt man daher Asymptote zum Funktionsgraphen.

Grenzwertsätze

Es sei für eine Funktion f $\lim_{x \to x_0} f(x) = \alpha$

und für eine Funktion g $\lim_{x \to x_0} g(x) = \beta$

Dann gilt:

$$\lim_{x \to x_0} [f(x) \pm g(x)] = \alpha \pm \beta$$

$$\lim_{x \to x_0} c \cdot f(x) = c \cdot \alpha$$

$$\lim_{x \to x_0} [f(x) \cdot g(x)] = \alpha \cdot \beta$$

$$\lim_{x \to x_0} [f(x) : g(x)] = \alpha : \beta$$

für g(x) ≠ 0 und β ≠ 0

Sekantensteigung

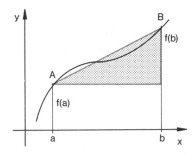

Die mittlere Steigung eines Graphen über dem Intervall [a; b] entspricht der Steigung m der Geraden durch die Punkte A und B.

$$m = \frac{f(b) - f(a)}{b - a}$$

Bezüglich des Graphen ist die Gerade durch A und B Sekante (Schneidende).
Daher gilt allgemein:
Die mittlere Steigung einer Funktion über dem Intervall [a; b] ist die Sekantensteigung.

$$m_s = \frac{f(b) - f(a)}{b - a}$$

Tangentensteigung

Unter der Steigung einer Kurve im Punkt P versteht man die Steigung der Tangenten an die Kurve im Punkt P.

Die Tangentensteigung m_T ist der Grenzwert der Sekantensteigungsfunktion, sofern dieser Grenzwert existiert.

$$m_T = \lim_{h \to 0} m_s (h) = \lim_{h \to 0} \frac{f(x_0 + h) - f(x_0)}{h}$$

h kann sowohl positive als auch negative Werte annehmen.

Stetigkeit und Differenzierbarkeit

Die Stetigkeit ist eine notwendige Bedingung der Differenzierbarkeit.

Eine Funktion $f : x \to f(x)$, die in $x = x_0$ und einer Umgebung von x_0 definiert ist, heißt stetig an der Stelle $x = x_0$, wenn der Grenzwert von $f(x_0 + \Delta x)$ für Δx gegen Null existiert und mit dem Funktionswert $f(x_0)$ übereinstimmt. Es muß gelten:

$$\lim_{\Delta x \to 0} f(x_0 + \Delta x) = f(x_0)$$

bzw.
$$\lim_{x \to x_0} f(x) = f(x_0)$$

Andernfalls heißt $f(x)$ an der Stelle x_0 unstetig.

Zwischenwertsatz

Eine Funktion f sei stetig im Intervall $[a; b]$ mit m als Minimum und M als Maximum.
Dann gibt es zu jeder Zahl y_0 zwischen m und M $(m < y_0 < M)$ ein $x_0 \in [a; b]$ mit $y_0 = f(x_0)$.

Satz von Rolle

Eine Funktion f sei differenzierbar auf einem Intervall I. Außerdem sei $f(a) = f(b)$ mit $a, b \in I$ und $a < b$.
Dann gibt es zwischen a und b ein x_0 $(a < x_0 < b)$ mit $f'(x_0) = 0$.

Mittelwertsatz

Eine Funktion f sei auf einem Intervall I differenzierbar. Außerdem seien $a, b \in I$ und $a < b$.
Dann gibt es ein x_0 mit $a < x_0 < b$ und
$$\frac{f(b) - f(a)}{b - a} = f'(x_0).$$

Differenzierbarkeit

Eine Funktion f heißt in x_0 differenzierbar, wenn der Grenzwert (Differentialquotient)

$$\lim_{\Delta x \to 0} \frac{f(x_0 + \Delta x) - f(x_0)}{\Delta x} = f'(x_0)$$

existiert.

Man schreibt für $y = f(x)$:

$$f'(x) = \lim_{\Delta x \to 0} \frac{\Delta y}{\Delta x} = \frac{dy}{dx}$$

Betragsfunktion

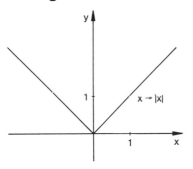

$$|x| = \begin{cases} x, & \text{wenn } x \geq 0 \\ -x, & \text{wenn } x < 0 \end{cases} \qquad \text{für alle } x \in \mathbb{R}$$

Die Funktion f mit $f(x) = |x|$ (D = $\mathbb{R}$), die jedem x seinen Betrag zuordnet, heißt Betragsfunktion.

Die Betragsfunktion $f : f(x) = |x|$ ist für $x_0 = 0$ nicht differenzierbar.
An der Stelle $x_0 = 0$ gibt es keinen eindeutig bestimmten Grenzwert des Differenzenquotienten.

Ableitung

Funktion	Gleichung der Funktion	Gleichung der Ableitungsfunktion
konstante Funktion	$f(x) = c$	$f'(x) = 0$
identische Funktion	$f(x) = x$	$f'(x) = 1$
lineare Funktion	$f(x) = mx + c$	$f'(x) = m$
Potenzfunktion	$f(x) = x^n$ $x \in \mathbb{R}; n \in \mathbb{Z}$	$f'(x) = n \cdot x^{n-1}$
Exponential-funktion	$f(x) = a^x$ $x \in \mathbb{R}; a > 0$	$f'(x) = a^x \cdot \ln a$
Wurzelfunktion	$f(x) = \sqrt{x}$ $x \geq 0$	$f'(x) = \dfrac{1}{2\sqrt{x}}$ $x > 0$
trigonometrische Funktionen	$f(x) = \sin x$ $f(x) = \cos x$ $f(x) = \tan x;$ $x \in \mathbb{R}$ und $x \neq \dfrac{\pi}{2} + k\pi; k \in \mathbb{Z}$	$f'(x) = \cos x$ $f'(x) = -\sin x$ $f'(x) = \dfrac{1}{\cos^2 x};\ \cos x \neq 0$

67

Für differenzierbare Funktionen u und v gilt:

Regel	Gleichung der Funktion	Gleichung der Ableitungsfunktion
Faktorregel	$f(x) = a \cdot u$ $a \in \mathbb{R}$	$f'(x) = a \cdot u'$
Summenregel	$f(x) = u + v$	$f'(x) = u' + v'$
Differenzenregel	$f(x) = u - v$	$f'(x) = u' - v'$
Produktregel	$f(x) = u \cdot v$	$f'(x) = u'v + uv'$
Quotientenregel	$f(x) = \dfrac{u}{v}$ $v \neq 0$	$f'(x) = \dfrac{u'v - uv'}{v^2}$
Kettenregel	$(f \circ g)(x) = f(g(x))$ f ist die äußere Funktion g ist die innere Funktion $h(x) = (f \circ g)(x)$	$h'(x) = f'(g(x)) \cdot g'(x)$ Die Ableitung einer verketteten Funktion ist gleich äußere Ableitung mal innere Ableitung.

höhere Ableitungen

Durch weiteres Differenzieren der Ableitungsfunktion $x \rightarrow f'(x)$ – falls diese existiert und wieder differenzierbar ist – erhält man:

die 2. Ableitung $x \rightarrow f''(x)$
die 3. Ableitung $x \rightarrow f'''(x)$
usw.

Monotonieverhalten einer Funktion

Ist f eine in einem Intervall $J = [a, b]$ differenzierbare Funktion und f' ihre Ableitungsfunktion, so gilt:

a) f(x) ist in J monoton steigend.
   $\Leftrightarrow f'(x) \geq 0$ für alle $x \in J$.

b) f(x) ist in J monoton fallend.
   $\Leftrightarrow f'(x) \leq 0$ für alle $x \in J$.

Für die strenge Monotie gilt allerdings nur eine Richtung:

c) $f'(x) > 0$ für alle $x \in J$
   $\Rightarrow$ f(x) ist in J streng monoton steigend.

d) $f'(x) < 0$ für alle $x \in J$
   $\Rightarrow$ f(x) ist in J streng monoton fallend.

Lokale Extremwerte

Definition

Die Funktion $f : D \rightarrow IR$ mit $D \subseteq IR$ hat in $x_0 \in D$ ein lokales Maximum [Minimum], wenn es eine ganz in D enthaltene Umgebung U von x_0 gibt, so daß gilt:

$$f(x) \leq f(x_0) \quad [f(x_0) \leq f(x)] \qquad \text{für alle } x \in U$$

Mit Extremwert werden Minima oder Maxima bezeichnet.

Satz
(notwendige Bedingung)

Die Funktion f sei auf dem Intervall $[a; b]$ definiert und in x_0 mit $a < x_0 < b$ differenzierbar.
Wenn f in x_0 ein relatives Maximum oder Minimum besitzt, dann gilt:

$$f'(x_0) = 0$$

Satz
(hinreichende Bedingung)

Die Funktion f sei im Intervall $[a; b]$ zweimal differenzierbar. Außerdem sei $a < x_0 < b$.
Wenn $f'(x_0) = 0$ und $f''(x_0) \neq 0$, dann besitzt f in x_0 einen lokalen Extremwert, und zwar:

ein Minimum, falls $f''(x_0) > 0$
ein Maximum, falls $f''(x_0) < 0$

DIF

Krümmung eines Funktionsgraphen

Bei einer Rechtskrümmung von f ist f' monoton fallend.
Bei einer Linkskrümmung von f ist f' monoton steigend (siehe auch folgende Seite).

Wendepunkt

Definition

Die Funktion f sei im Intervall $[a; b]$ differenzierbar. Dann sagt man, f besitze in x_0 (mit $a < x_0 < b$) einen Wendepunkt, wenn die Ableitung f' in x_0 ein lokales Extremum hat.

Satz
(hinreichende Bedingung)

Die Funktion f sei im Intervall $[a; b]$ dreimal differenzierbar. Außerdem sei $a < x_0 < b$.
Wenn $f''(x_0) = 0$ und $f'''(x_0) \neq 0$, dann besitzt f in x_0 einen Wendepunkt.

Kurvendiskussion

Es sei f auf dem Intervall [a; b] definiert und in x_0 mit $a < x_0 < b$ differenzierbar.			
Ist f' (x) und f'' (x) an der Stelle x_0		dann ist der Graph der Funktion f an der Stelle x_0	sein Kurvenbild an der Stelle x_0
> 0	> 0	steigend linksgekrümmt	
> 0	< 0	steigend rechtsgekrümmt	
< 0	> 0	fallend linksgekrümmt	
< 0	< 0	fallend rechtsgekrümmt	
Ist f' (x) und f'' (x) an der Stelle x_0		dann hat der Graph der Funktion f an der Stelle x_0	sein Kurvenbild an der Stelle x_0
= 0	> 0	einen Tiefpunkt (Minimum)	
= 0	< 0	einen Hochpunkt (Maximum)	
$\neq$ 0	= 0	einen Wendepunkt mit schräger Tangente	oder
= 0	= 0	einen Wendepunkt mit horizontaler Tangente Wendepunkte, wenn $f'''(x_0) \neq 0$	oder

Analysis – Integralrechnung

Das Integrieren ist die Umkehrung des Differenzierens.

Stammfunktionen

Definition

G und f seien Funktionen mit gemeinsamem Definitionsbereich.
G sei differenzierbar mit $G' = f$.
Dann ist G eine Stammfunktion von f.

Hauptsatz der Differential-
und Integralrechnung

Die Randfunktion f sei für $x \geq a$ stetig.
Dann ist die Integralfunktion

$$F_a(x) = \int_a^x f(t)\,dt \qquad \text{differenzierbar mit}$$

$$F_a'(x) = f(x).$$

Sie ist also eine Stammfunktion von f.

Satz

Die Funktion f sei im Intervall I definiert.
G_1 und G_2 seien zwei Stammfunktionen von f.
Dann gibt es eine Konstante $c \in IR$, so daß gilt:

$$G_1(x) = G_2(x) + c \qquad \text{für alle } x \in I$$

Alle Stammfunktionen zu einer gegebenen Funktion f unterscheiden sich nur in einem konstanten Summanden.

INT

Integralformel

Die Randfunktion f sei im Intervall $[a; b]$ stetig.
G sei eine beliebige Stammfunktion von f.
Dann gilt für das Integral:

$$\int_a^b f(x)\,dx = G(b) - G(a)$$

Schreibweise:

$$\int_a^b f(x)\,dx = \left[G(x)\right]_a^b = G(b) - G(a)$$

Sprechweise:
Integral von a bis b über f von x dx

Beispiele zu Stammfunktionen

Randfunktion $f(x) = G'(x)$	Stammfunktion $G(x) + C$
$f(x) = c$	$G(x) = c \cdot x + C$
$f(x) = x^r \quad (r \neq -1)$	$G(x) = \dfrac{1}{r+1} x^{r+1} + C$
$f(x) = x^{-1} = \dfrac{1}{x}$	$G(x) = \ln x + C$
$f(x) = \sin x$	$G(x) = -\cos x + C$
$f(x) = \cos x$	$G(x) = \sin x + C$
$f(x) = e^x$	$G(x) = e^x + C$

C ist die Integrationskonstante.

Unbestimmtes und bestimmtes Integral

Die Menge aller Stammfunktionen $G(x)$ zu einer Funktion $f(x)$ bezeichnet man als das unbestimmte Integral von $f(x)$.

$$\int f(x)\, dx = G(x) + C$$

C ist die Integrationskonstante.

Die Differenz von Stammfunktionswerten bezeichnet man als das bestimmte Integral von $f(x)$.

$$\int_a^b f(x)\, dx = G(b) - G(a)$$

Integrationsregeln

Untere Grenze größer als obere Grenze

$$\int_b^a f(x)\, dx = -\int_a^b f(x)\, dx$$

Intervalladditivität	$\int_a^b f(x)\,dx + \int_b^c f(x)\,dx = \int_a^c f(x)\,dx$

Konstante c	$\int_a^b c \cdot f(x)\,dx = c \cdot \int_a^b f(x)\,dx$

Summen-/Differenzenregel	$\int_a^b (f(x) \pm g(x))\,dx = \int_a^b f(x)\,dx \pm \int_a^b g(x)\,dx$

partielle Integration	$\int_a^b (u \cdot v')\,dx = \left[u \cdot v\right]_a^b - \int_a^b (u' \cdot v)\,dx$

Produkte können nicht gliedweise integriert werden.

Ebene Flächen

Fläche über der x-Achse

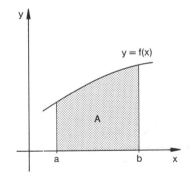

Wenn $f(x) > 0$ und $a < x < b$, gilt:

$$A = \int_a^b f(x)\,dx = \left[G(x)\right]_a^b$$

$$= G(b) - G(a)$$

73

Fläche unter der x-Achse

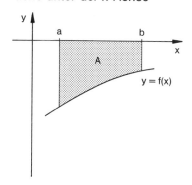

Wenn $f(x) < 0$ und $a < x < b$, gilt:

$$A = - \int_a^b f(x)\, dx = - \left[G(x) \right]_a^b$$

$$= - (G(b) - G(a))$$

Flächen über und unter der x-Achse

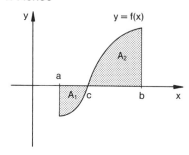

$$A = A_1 + A_2$$

$$A = - \int_a^c f(x)\, dx + \int_c^b f(x)\, dx$$

(c ist die Nullstelle von $f(x)$)

Fläche zwischen zwei Funktionsgraphen

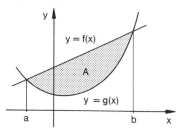

$$A = \int_a^b f(x)\, dx - \int_a^b g(x)\, dx$$

$$A = \int_a^b (f(x) - g(x))\, dx$$

Die Fläche zwischen den Graphen zweier Funktionen $f(x)$ und $g(x)$ ist gleich der Fläche zwischen dem Graphen der Differenzfunktion $f(x) - g(x)$ und der x-Achse. Für die Grenzen gilt: $f(x) = g(x)$.

Über Nullstellen und Schnittstellen darf nicht hinwegintegriert werden.

Volumenberechnung von Rotationskörpern

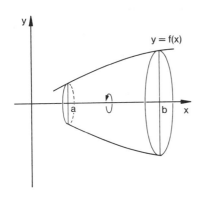

Rotationskörper entstehen dadurch, daß der Graph einer stetigen Funktion für $a \leq x \leq b$ um die x-Achse rotiert.

Die Funktion f sei im Intervall $[a; b]$ stetig.
Dann gilt für das Volumen des zugehörigen Rotationskörpers:

$$V = \pi \int_a^b [f(x)]^2 \, dx$$

Exponential- und Logarithmusfunktion

e-Funktion

$$e^x = \lim_{n \to \infty} (1 + \frac{x}{n})^n \qquad \text{für } x \in \mathbb{R}$$

$$e \approx 2{,}71828$$

$$f(x) = e^x \qquad \text{differenzierbar für alle } x \in \mathbb{R}$$
$$f'(x) = e^x$$

ln-Funktion

$$y = \ln x \qquad \text{falls } x = e^y \ (x > 0)$$
$$f(x) = \ln x \qquad \text{differenzierbar für alle } x > 0$$
$$f'(x) = \frac{1}{x}$$

$$\int_1^x \frac{1}{u} \, du = \ln x \qquad \text{für } x > 0$$

Für eine beliebige Basis $a > 0$ gilt:

$$y = a^x = e^{x \cdot \ln a}$$

$$y' = \ln a \cdot a^x$$

$$y = \log_a x = \frac{\ln x}{\ln a}$$

$$y' = \frac{1}{x \cdot \ln a}$$

INT

Wachstumsgeschwindigkeit

Bei linearem Wachstum gibt die Steigung der Geraden die Wachstumsgeschwindigkeit an.

Bei nicht linearem Wachstum ergibt sich die momentane Wachstumsgeschwindigkeit im Zeitpunkt t mit

$$y' = \lim_{\Delta t \to 0} \frac{f(t + \Delta t) - f(t)}{\Delta t}$$

Das entspricht der Steigung des Graphen der Wachstumsfunktion im Punkt P mit den Koordinaten t und $f(t)$.

durchschnittlicher Wachstumsfaktor

Bei Wachstumsprozessen wird das geometrische Mittel der einzelnen Wachstumsfaktoren als durchschnittlicher Wachstumsfaktor bezeichnet.

Wachstumsrate: w
Wachstumsfaktor: $1 + w$
Beobachtungswerte: $x_i = 1 + w_i$

durchschnittlicher Wachstumsfaktor:

$$g = \sqrt[n]{x_1 \cdot x_2 \cdot \ldots \cdot x_{n-1} \cdot x_n}$$

Vektoren und Matrizen

Darstellung von Vektoren

Graphische Darstellung

Vektor

Ein Vektor ist eine Größe, die durch Betrag und Richtung festgelegt ist.

Gegenvektor

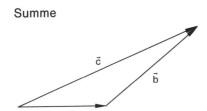

Der Vektor $-\vec{a}$ hat denselben Betrag wie $\vec{a}$, aber die entgegengesetzte Richtung.

$$-\vec{a} = (-1) \cdot \vec{a}$$

Betrag

Der Betrag eines Vektors $\vec{a}$ wird geschrieben: $|\vec{a}|$

Einheitsvektor

Ein Vektor $\vec{a}$ mit $|\vec{a}| = 1$ heißt Einheitsvektor. Koordinateneinheitsvektoren sind die in positiver Richtung der Koordinatenachsen zeigenden Einheitsvektoren.

Summe

Zwei Vektoren $\vec{a}$ und $\vec{b}$ werden addiert, indem der Pfeil von $\vec{b}$ an die Spitze von $\vec{a}$ gesetzt wird. Der Summenpfeil $\vec{c}$ weist vom Anfangspunkt von $\vec{a}$ zur Spitze von $\vec{b}$.

$$\vec{a} + \vec{b} = \vec{c}$$

VEK

Differenz

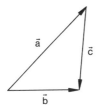

Die Differenz $\vec{b} - \vec{a}$ der beiden Vektoren $\vec{b}$ und $\vec{a}$ erhält man, indem man zu $\vec{b}$ den Gegenvektor von $\vec{a}$ addiert.

$$\vec{b} - \vec{a} = \vec{b} + (-\vec{a})$$

Die Differenz $\vec{b} - \vec{a}$ zweier Vektoren wird gebildet, indem die Anfänge der Pfeile aneinandergelegt werden. Der Differenzpfeil $\vec{c}$ weist von der Spitze von $\vec{a}$ zur Spitze von $\vec{b}$.

$$\vec{c} = \vec{b} - \vec{a}$$

S-Multiplikation

Sind k eine reelle Zahl (k ≠ 0) und $\vec{a}$ ein Vektor, so versteht man unter dem Produkt $k \cdot \vec{a}$ den Vektor, dessen Betrag $|k|$-mal so groß ist wie der von $\vec{a}$ und dessen Richtung
— gleich der von $\vec{a}$ ist, wenn $k > 0$,
— entgegengesetzt der von $\vec{a}$ ist, wenn $k < 0$.
Wenn $k = 0$, ist $k \cdot \vec{a}$ der **Nullvektor.**

Skalarprodukt

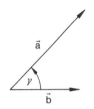

Für alle Vektoren $\vec{a}$ und $\vec{b}$ gilt:
$$\vec{a} \cdot \vec{b} = |\vec{a}| \cdot |\vec{b}| \cdot \cos \gamma$$

γ ist der kleinere der beiden Winkel, der von $\vec{a}$ und $\vec{b}$ eingeschlossen wird.

Daraus folgt für den Winkel zwischen zwei Vektoren:

$$\cos \gamma = \frac{\vec{a} \cdot \vec{b}}{|\vec{a}| \cdot |\vec{b}|}$$

Das Skalarprodukt zweier zueinander senkrechter Vektoren ist null.

Ist das Skalarprodukt zweier vom Nullvektor verschiedener Vektoren null, so stehen die beiden Vektoren aufeinander senkrecht.

Rechnerische Darstellung

Komponentendarstellung

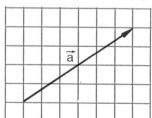

Vektor in der Ebene
Für den Vektor schreibt man z.B.: $\vec{a} = \begin{pmatrix} 6 \\ 4 \end{pmatrix}$;

allgemein: $\vec{a} = \begin{pmatrix} a_1 \\ a_2 \end{pmatrix}$

6 und 4 bzw. a_1 und a_2 sind die Komponenten des Vektors $\vec{a}$.

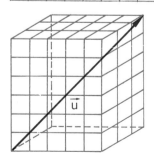

Vektor im Raum
Für den Vektor schreibt man z.B.: $\vec{u} = \begin{pmatrix} 5 \\ 3 \\ 6 \end{pmatrix}$;

allgemein: $\vec{u} = \begin{pmatrix} u_1 \\ u_2 \\ u_3 \end{pmatrix}$

5, 3 und 6 bzw. u_1, u_2 und u_3 sind die Komponenten des Vektors $\vec{u}$.

Einheitsvektor	Der Einheitsvektor in Richtung des Vektors $\vec{a}$ ist

$$\vec{a}^{\,\circ} = \frac{\vec{a}}{|\vec{a}|}$$

Betrag	$$|\vec{a}| = \sqrt{a_1^2 + a_2^2 + \ldots + a_n^2}$$

Summe und Differenz	$$\vec{a} \pm \vec{b} = \begin{pmatrix} a_1 \\ a_2 \\ . \\ . \\ a_n \end{pmatrix} \pm \begin{pmatrix} b_1 \\ b_2 \\ . \\ . \\ b_n \end{pmatrix} = \begin{pmatrix} a_1 \pm b_1 \\ a_2 \pm b_2 \\ . \\ . \\ a_n \pm b_n \end{pmatrix}$$

S-Multiplikation	$$r \cdot \vec{a} = r \cdot \begin{pmatrix} a_1 \\ a_2 \\ . \\ . \\ a_n \end{pmatrix} = \begin{pmatrix} r \cdot a_1 \\ r \cdot a_2 \\ . \\ . \\ r \cdot a_n \end{pmatrix} \qquad r \in \mathbb{R}$$

Skalarprodukt	$$\vec{a} \cdot \vec{b} = \begin{pmatrix} a_1 \\ a_2 \\ . \\ . \\ a_n \end{pmatrix} \cdot \begin{pmatrix} b_1 \\ b_2 \\ . \\ . \\ b_n \end{pmatrix} = a_1 b_1 + a_2 b_2 + \ldots + a_n b_n$$

Geraden und Ebenen

Geradengleichung

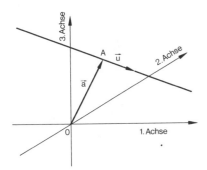

Die vektorielle Gleichung der Geraden g in der Ebene und im Raum heißt:

$$g: \vec{x} = \vec{a} + \lambda \, \vec{u} \qquad \lambda \in \mathbb{R}$$

(Parametergleichung der Geraden g)

VEK

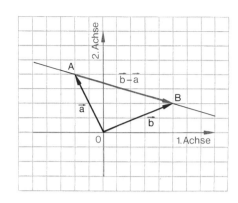

$$g: \vec{x} = \vec{a} + \lambda\,(\vec{b} - \vec{a}) \qquad\qquad \lambda \in \mathbb{R}$$

(Zwei-Punkte-Form der Geradengleichung)

Ebenengleichung

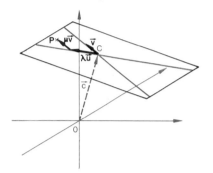

Die vektorielle Gleichung der Ebene e heißt:

$$e: \vec{x} = \vec{c} + \lambda\,\vec{u} + \mu\,\vec{v} \qquad\qquad \lambda,\ \mu \in \mathbb{R}$$

(Punkt-Richtungs-Form der Ebenengleichung)

Schnittpunkt

Die Schnittpunktbestimmung erfolgt durch Gleich-
setzen der rechten Seiten der Gleichungen.

Lineare Abhängigkeit bzw. Unabhängigkeit

Lineare Abhängigkeit bzw. Unabhängigkeit von zwei Vektoren

lineare Abhängigkeit

Zwei vom Nullvektor verschiedene Vektoren $\vec{u}$ und $\vec{v}$ heißen linear abhängig, wenn gilt:

$$\vec{u} = k \cdot \vec{v} \qquad\qquad \text{mit } k \in \mathbb{R}$$

Für zwei Geraden g_1 und g_2 gilt:

$$g_1 : \vec{x} = \vec{a} + \lambda \vec{u} \qquad\qquad \vec{u} \neq \vec{o}$$
$$g_2 : \vec{x} = \vec{b} + \mu \vec{v} \qquad\qquad \vec{v} \neq \vec{o}$$

g_1 ist parallel zu g_2, wenn $\vec{v} = k \cdot \vec{u}$ ($k \in \mathbb{R}$)

g_1 ist identisch mit g_2, wenn **zusätzlich**

$$\vec{b} = \vec{a} + \lambda \vec{u} \qquad\qquad \text{für } \lambda \in \mathbb{R}$$

lineare Unabhängigkeit

Zwei Vektoren $\vec{u}$ und $\vec{v}$ sind linear unabhängig, wenn keiner als Vielfaches des anderen darstellbar ist.

Für zwei Geraden g_1 und g_2 gilt:

$$g_1 : \vec{x} = \vec{a} + \lambda \vec{u} \qquad\qquad \vec{u} \neq \vec{o}$$
$$g_2 : \vec{x} = \vec{b} + \mu \vec{v} \qquad\qquad \vec{v} \neq \vec{o}$$

$\vec{u}$ und $\vec{v}$ sind linear unabhängig.

g_1 und g_2 schneiden sich, wenn es zwei reelle Zahlen λ und μ gibt, so daß gilt:

$$\vec{a} + \lambda \vec{u} = \vec{b} + \mu \vec{v}$$

g_1 und g_2 sind zueinander windschief, wenn für alle reellen Zahlen λ und μ gilt:

$$\vec{a} + \lambda \vec{u} \neq \vec{b} + \mu \vec{v}$$

81

Vektoren $\vec{v}_1, \vec{v}_2, \ldots, \vec{v}_n$ heißen linear abhängig, wenn sich einer von ihnen als Vielfachsumme der anderen darstellen läßt.

Vektoren $\vec{v}_1, \vec{v}_2, \ldots, \vec{v}_n$ heißen linear abhängig, wenn es reelle Zahlen $\lambda_1, \lambda_2, \ldots, \lambda_n$ gibt, die nicht alle 0 sind, so daß gilt:

$$\lambda_1 \vec{v}_1 + \lambda_2 \vec{v}_2 + \ldots + \lambda_n \vec{v}_n = \vec{o}$$

Ist diese Gleichung nur für $\lambda_1 = 0$, $\lambda_2 = 0 \ldots$ $\lambda_n = 0$ erfüllt, so heißen $\vec{v}_1, \vec{v}_2, \ldots, \vec{v}_n$ linear unabhängig.

Eine Gerade $\vec{x} = \vec{a} + \lambda \vec{u}$ ist genau dann parallel zu einer Ebene $\vec{x} = \vec{b} + \mu_1 \vec{v}_1 + \mu_2 \vec{v}_2$, wenn der Richtungsvektor $\vec{u}$ der Geraden sich als Vielfachsumme der Richtungsvektoren $\vec{v}_1$ und $\vec{v}_2$ der Ebene darstellen läßt.

Lineare Gleichungssysteme

Darstellung in ausführlicher Schreibweise

$$a_1 x_1 + b_1 x_2 + c_1 x_3 = d_1$$
$$a_2 x_1 + b_2 x_2 + c_2 x_3 = d_2$$
$$a_3 x_1 + b_3 x_2 + c_3 x_3 = d_3$$

Darstellung mit Zahlenschema (Kurzschreibweise)

x_1	x_2	x_3	
a_1	b_1	c_1	d_1
a_2	b_2	c_2	d_2
a_3	b_3	c_3	d_3

Darstellung in Matrix-Vektorschreibweise

$$\begin{pmatrix} a_1 & b_1 & c_1 \\ a_2 & b_2 & c_2 \\ a_3 & b_3 & c_3 \end{pmatrix} \cdot \begin{pmatrix} x_1 \\ x_2 \\ x_3 \end{pmatrix} = \begin{pmatrix} d_1 \\ d_2 \\ d_3 \end{pmatrix}$$

Ein lineares Gleichungssystem $A \cdot \vec{x} = \vec{b}$ ist genau dann eindeutig lösbar, wenn es zu A die inverse Matrix A^{-1} gibt.
Die Lösung lautet dann: $\vec{x} = A^{-1} \cdot \vec{b}$

Die Lösung eines linearen Gleichungssystems kann mit dem Gauß-Algorithmus berechnet werden.

Matrizen

Definition

Eine Matrix ist ein Schema einer Tabelle reeller Zahlen mit m Zeilen und n Spalten.
(m, n) — Matrix:

$$A = \begin{pmatrix} a_{11} & a_{12} & \ldots & a_{1n} \\ a_{21} & a_{22} & \ldots & a_{2n} \\ \ldots & \ldots & \ldots & \ldots \\ \ldots & \ldots & \ldots & \ldots \\ a_{m1} & a_{m2} & \ldots & a_{mn} \end{pmatrix}$$

Produkt einer Matrix mit einem Vektor

Eine (m, n)-Matrix A wird mit einem Vektor $\vec{v}$ (mit n Komponenten) multipliziert, indem man jede Zeile der Matrix A im Sinne des Skalarproduktes mit dem Vektor $\vec{v}$ multipliziert und die m einzelnen Ergebnisse als Komponenten eines Vektors $\vec{w}$ (mit m Komponenten) schreibt. $\vec{w}$ ist das Produkt von A mit $\vec{v}$.

$$A \cdot \vec{v} = \begin{pmatrix} a_{11} & a_{12} & \ldots & a_{1n} \\ a_{21} & a_{22} & \ldots & a_{2n} \\ . & . & \ldots & . \\ . & . & \ldots & . \\ a_{m1} & a_{m2} & \ldots & a_{mn} \end{pmatrix} \cdot \begin{pmatrix} v_1 \\ v_2 \\ . \\ . \\ v_n \end{pmatrix}$$

$$= \begin{pmatrix} a_{11}v_1 & + & a_{12}v_2 & + & \ldots & + & a_{1n}v_n \\ a_{21}v_1 & + & a_{22}v_2 & + & \ldots & + & a_{2n}v_n \\ \ldots & & \ldots & & \ldots & & \ldots \\ \ldots & & \ldots & & \ldots & & \ldots \\ a_{m1}v_1 & + & a_{m2}v_2 & + & \ldots & + & a_{mn}v_n \end{pmatrix}$$

Summe und Differenz

$$A \pm B = \begin{pmatrix} a_{11} & a_{12} & \ldots & a_{1n} \\ a_{21} & a_{22} & \ldots & a_{2n} \\ . & . & \ldots & . \\ . & . & \ldots & . \\ a_{m1} & a_{m2} & \ldots & a_{mn} \end{pmatrix} \pm \begin{pmatrix} b_{11} & b_{12} & \ldots & b_{1n} \\ b_{21} & b_{22} & \ldots & b_{2n} \\ . & . & \ldots & . \\ . & . & \ldots & . \\ b_{m1} & b_{m2} & \ldots & b_{mn} \end{pmatrix}$$

$$= \begin{pmatrix} a_{11} \pm b_{11} & \ldots & a_{1n} \pm b_{1n} \\ a_{21} \pm b_{21} & \ldots & a_{2n} \pm b_{2n} \\ . & \ldots & . \\ . & \ldots & . \\ a_{m1} \pm b_{m1} & \ldots & a_{mn} \pm b_{mn} \end{pmatrix}$$

Produkt

$$A \cdot B = \begin{pmatrix} a_{11}\ a_{12}\ ...\ a_{1n} \\ a_{21}\ a_{22}\ ...\ a_{2n} \\ .\quad .\quad ...\quad . \\ .\quad .\quad ...\quad . \\ .\quad .\quad ...\quad . \\ a_{m1}\ a_{m2}\ ...\ a_{mn} \end{pmatrix} \cdot \begin{pmatrix} b_{11}\ b_{12}\ ...\ b_{1k} \\ b_{21}\ b_{22}\ ...\ b_{2k} \\ .\quad .\quad ...\quad . \\ .\quad .\quad ...\quad . \\ .\quad .\quad ...\quad . \\ b_{n1}\ b_{n2}\ ...\ b_{nk} \end{pmatrix}$$

$$= \begin{pmatrix} \vec{a}_1 \\ \vec{a}_2 \\ . \\ . \\ . \\ \vec{a}_m \end{pmatrix} \cdot (\vec{b}_1\ \vec{b}_2\ ...\ \vec{b}_k) = \begin{pmatrix} \vec{a}_1 \cdot \vec{b}_1 ... \vec{a}_1 \cdot \vec{b}_k \\ \vec{a}_2 \cdot \vec{b}_1 ... \vec{a}_2 \cdot \vec{b}_k \\ .\qquad ...\qquad . \\ .\qquad ...\qquad . \\ .\qquad ...\qquad . \\ \vec{a}_m \cdot \vec{b}_1 ... \vec{a}_m \cdot \vec{b}_k \end{pmatrix}$$

Das Produkt $C = A \cdot B$ zweier Matrizen A und B läßt sich immer dann bilden, wenn A eine (m, n)-Matrix und B eine (n, k)-Matrix ist.

Für die Produktmatrix C gilt dann:
Das Element c_{ij} ist das Skalarprodukt der i-ten Zeile von A mit der j-ten Spalte von B.

Die Produktmatrix C ist eine (m, k)-Matrix.

Das Produkt zweier quadratischer Matrizen mit gleicher Seitenzahl ist wieder eine quadratische Matrix mit dieser Seitenzahl.

Potenzen

Die n-te Potenz einer quadratischen Matrix A ist zurückzuführen auf das Produkt quadratischer Matrizen.

$$A^n = \underbrace{A \cdot A \cdot A \cdot A \dots\dots\dots \cdot A}_{n \text{ Faktoren } A}$$

Nullmatrix

Matrix, deren Elemente alle Nullen sind.

Einheitsmatrix E

Quadratische Matrix, deren Elemente in der Diagonalen lauter Einsen und sonst nur Nullen sind.

Das Produkt einer Matrix A mit ihrer inversen Matrix A^{-1} ergibt die Einheitsmatrix E: $A \cdot A^{-1} = E$

Dreiecksmatrix

Eine quadratische Matrix, deren Elemente links unterhalb der Diagonalen lauter Nullen sind, heißt obere Dreiecksmatrix.

Übergangsmatrix	Matrix, die den Wechsel von einem Zustand in einen anderen Zustand beschreibt.
Mengenmatrix	Matrix, die die Mengen an benötigten bereits hergestellten Teilen angibt.
inverse Matrix	Gibt es zu einer Matrix A eine Matrix A^{-1} mit $A \cdot A^{-1} = E$, so heißt A^{-1} die Inverse zu A.

Eine nicht quadratische Matrix besitzt keine Inverse.

Ist in einer Matrix eine Zeile linear abhängig von den anderen Zeilen, dann ist die Matrix nicht invertierbar.

Eine quadratische Matrix besitzt genau dann eine Inverse, wenn die Zeilen der Matrix linear unabhängig sind.

Geometrische Abbildungen in der Ebene

Typ	Abbildung	Abbildungsmatrix	Umkehrabbildung
Kongruenz-abbildung	Punktspiegelung am Nullpunkt	$\begin{pmatrix} -1 & 0 \\ 0 & -1 \end{pmatrix}$	$\begin{pmatrix} -1 & 0 \\ 0 & -1 \end{pmatrix}$
	Drehung um den Nullpunkt mit dem Drehwinkel φ	$\begin{pmatrix} \cos \varphi & -\sin \varphi \\ \sin \varphi & \cos \varphi \end{pmatrix}$	$\begin{pmatrix} \cos \varphi & \sin \varphi \\ -\sin \varphi & \cos \varphi \end{pmatrix}$
	Spiegelung an der Nullpunktsgeraden, die mit der ersten Achse den Winkel α bildet	$\begin{pmatrix} \cos 2\alpha & \sin 2\alpha \\ \sin 2\alpha & -\cos 2\alpha \end{pmatrix}$	$\begin{pmatrix} \cos 2\alpha & \sin 2\alpha \\ \sin 2\alpha & -\cos 2\alpha \end{pmatrix}$
Ähnlichkeits-abbildung	Zentrische Streckung vom Nullpunkt aus mit dem Streckfaktor k $(k \neq 0)$	$\begin{pmatrix} k & 0 \\ 0 & k \end{pmatrix}$	$\begin{pmatrix} \frac{1}{k} & 0 \\ 0 & \frac{1}{k} \end{pmatrix}$
affine Abbildung	Zur ersten Achse senkrechte Dehnung bzw. Stauchung mit dem Faktor k	$\begin{pmatrix} 1 & 0 \\ 0 & k \end{pmatrix}$	$\begin{pmatrix} 1 & 0 \\ 0 & \frac{1}{k} \end{pmatrix}$
	Scherung bezüglich der ersten Achse mit der Scherungszahl a	$\begin{pmatrix} 1 & a \\ 0 & 1 \end{pmatrix}$	$\begin{pmatrix} 1 & -a \\ 0 & 1 \end{pmatrix}$

VEK

Verkettung

Die Nacheinanderausführung geometrischer Abbildungen heißt Verkettung.

Die Verkettung geometrischer Abbildungen entspricht der Multiplikation ihrer Abbildungsmatrizen.

Bei der Verkettung gilt das Kommutativgesetz nicht.

Fixpunkte

Punkte, die bei einer geometrischen Abbildung an ihrer Stelle bleiben, heißen Fixpunkte der Abbildung.

Wird eine geometrische Abbildung durch die Matrix A dargestellt, so errechnen sich ihre Fixpunkte aus der Gleichung:

$$A \cdot \vec{x} = \vec{x} \qquad \text{bzw.}$$

$$(E - A) \cdot \vec{x} = \vec{o}$$

Anhang

Die griechischen Buchstaben

A	α	Alpha	I	ι	Jota	P	ϱ	Rho
B	β	Beta	K	$\varkappa$	Kappa	Σ	σ	Sigma
Γ	γ	Gamma	Λ	λ	Lambda	T	τ	Tau
Δ	δ	Delta	M	μ	My	Y	υ	Ypsilon
E	ε	Epsilon	N	ν	Ny	Φ	φ	Phi
Z	ζ	Zeta	Ξ	ξ	Xi	X	χ	Chi
H	η	Eta	O	o	Omikron	Ψ	ψ	Psi
Θ	ϑ	Theta	Π	π	Pi	Ω	ω	Omega

Register